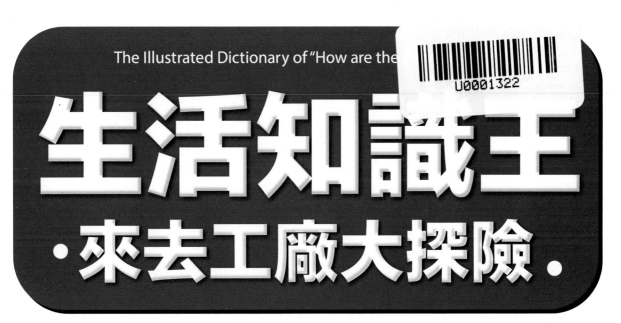

The Illustrated Dictionary of "How are the

生活知識王
‧來去工廠大探險‧

監修 武藏野美術大學名譽教授 **小石新八**

繪者 **荒賀賢二** 譯者 **林佩瑾**

できるまで大図鑑

監修　小石新八

1937 年生於長野縣。畢業於武藏野美術學校，曾任武藏野美術大學藝能設計（現為空間展演設計）系教授與工藝工業設計課教授，也曾兼任副學務長與函授課程教務長，現為該校名譽教授。主要著作為《戲劇空間論》、《空間設計論》，監修作品為《Pocket Pop Lardia 檢定 100 題：符號・記號》（以上皆為暫譯）。

插畫　荒賀賢二

1973 年生於琦玉縣。曾任職室內設計公司與童書設計公司，2001 年起成為自由插畫家。著作以童書插畫、繪本為主，如《了解電力就靠這一本》、《簡單講解政治》與繪本《預備，開始！》等（以上皆為暫譯）。

編撰　兒童俱樂部

兒童俱樂部專門企劃、編撰兒童育樂、福利相關領域的書籍，每年約發表一百項專案，主要作品有《○歲開始的英語圖鑑》、《小學生英語圖鑑》、《日本的工業》、《了解預防自然災害》、《歷史視覺實物大圖鑑》、《工程車超級圖鑑》、《了解電力就靠這一本》等（以上皆為暫譯）。

譯者　林佩瑾

曾任出版社編輯，熱愛閱讀、電影與大自然，家有一貓。主要譯作有《充滿祕密的魔石館》、《思考的孩子》、《漁港的肉子》、《撒落的星星》等等。
聯絡信箱：kagamin1009@gmail.com

前言

大家經常聽到「製造」一詞,它代表著製造物品的產業(製造業),但意義卻不僅止於此。前人製造物品的用心、精神與歷史,也蘊含在這兩字裡面。

1990年代後期開始,「製造」一詞在日本流行了起來。當時的日本人堅信:「既然我們擅長製造物品,不如就用『製造』來增強國力吧!」

後來,日本也制訂出「製造基盤技術振興基本法」。

高達634公尺的東京晴空塔,是全世界最高的自立式電波塔。大家可能會認為:「這是建築物,跟『製造』扯不上關係吧?」事實上,東京晴空塔蘊含著日本的製造精神與歷史。外側的巨大鋼管(→ P.209),是「日本製造」的象徵:塔的底部是三角形,愈往上走變得愈渾圓,到了觀景臺時,已變成正圓形了。

這樣的奇妙構造,全歸功於鋼管接合處的神奇角度,可說是日本製造技術的傑作!不僅如此,貫穿塔中央的井筒,也是參考世界最古老的木造建築──法隆寺五重塔的心柱所設計而成的(→ P.207)。

以上,艱深的話題先到此為止!

- 各位知道,蚊香是用一種叫做除蟲菊的植物所製成的嗎?
- 各位想知道足球的內部構造嗎?
- 巨大的橋梁,是如何搭建而成的呢?

本圖鑑將為各位介紹生活中常見物品的製造流程,並分為「食物」、「日常用品」與「大型建築物」三大類,共計52項。那些材料與原料是如何變成產品的呢?搭配可愛的插圖與實際製造過程的照片,協助各位更容易了解製造流程。

從前的手工蒟蒻與豆腐,是怎麼製造的呢?讓插圖來告訴你!而現代化工廠製造產品的過程,請藉由照片來感受臨場感!透過本圖鑑,各位就能明白日本人長年累積的智慧與專家手藝。

本圖鑑若能激發各位讀者對「製造」產生好奇心,將是我們莫大的榮幸。無論是大型物品或是小東西,如果沒有前人的智慧與技藝,這些成果都無法出現在我們面前!

兒童俱樂部

目錄

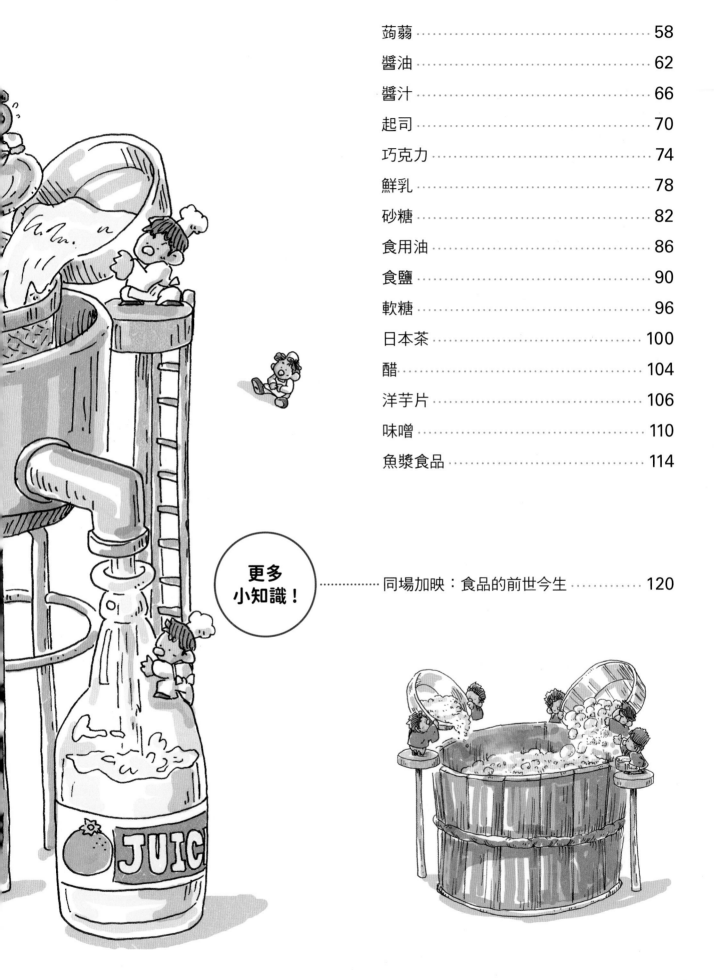

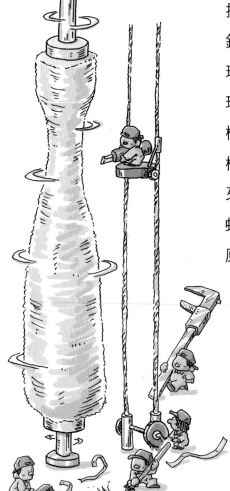

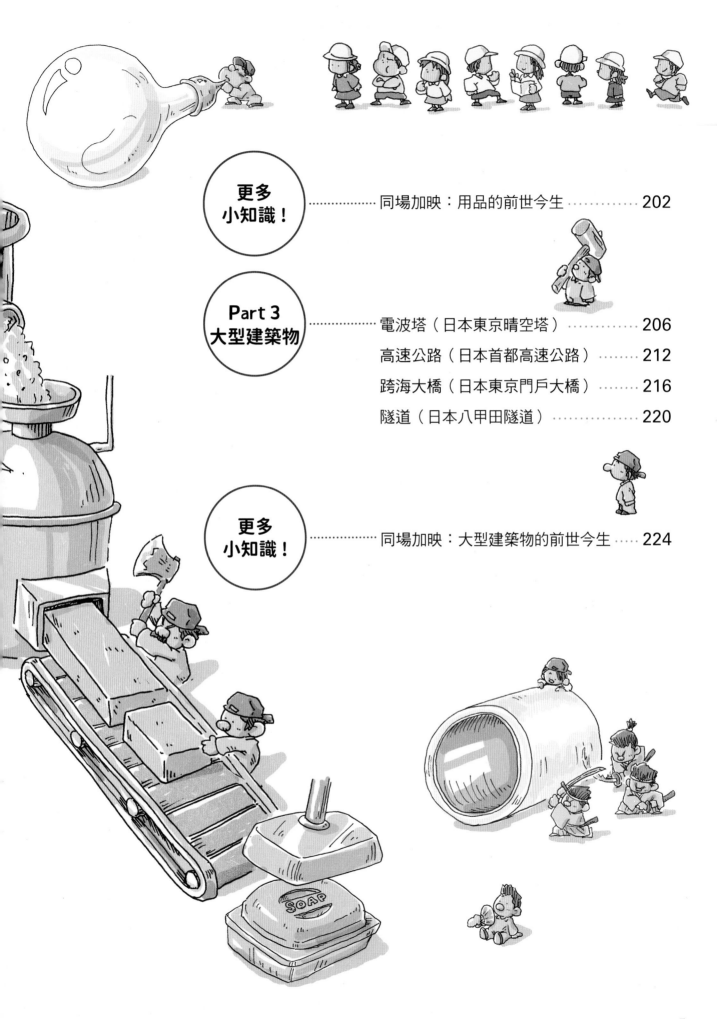

本圖鑑使用方法

本圖鑑將 52 種物品分成「食物」「日常用品」「大型建築物」三大類，並按照注音順序刊載。

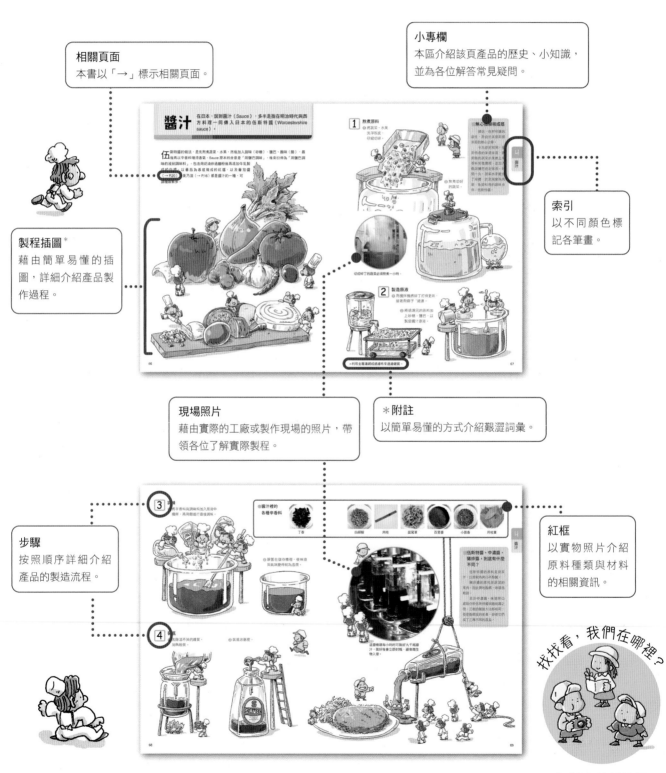

相關頁面
本書以「→」標示相關頁面。

小專欄
本區介紹該頁產品的歷史、小知識，並為各位解答常見疑問。

索引
以不同顏色標記各筆畫。

製程插圖＊
藉由簡單易懂的插圖，詳細介紹產品製作過程。

現場照片
藉由實際的工廠或製作現場的照片，帶領各位了解實際製程。

＊附註
以簡單易懂的方式介紹艱澀詞彙。

步驟
按照順序詳細介紹產品的製造流程。

紅框
以實物照片介紹原料種類與材料的相關資訊。

找找看，我們在哪裡？

每個章節都找得到我們喔！

＊本書的製程插圖經過簡化，著重製造的基本原理和工序步驟的說明。因機器研發日新月異，加上各工廠的做法不盡相同，本書介紹的僅為其中一種方法。

Part 1
食物

冰淇淋

冰淇淋明明是冷凍產品，口感卻很柔軟。為什麼會這樣呢？

冰淇淋的主要原料是鮮乳，其他原料則是生奶油、砂糖、香料等等。將上述原料攪拌過後，使用均質機打碎脂肪球（鮮乳→ P.78 也是相同製程），使其大小均等，再經過殺菌、冷卻之後，就是口感柔軟的冰淇淋了。

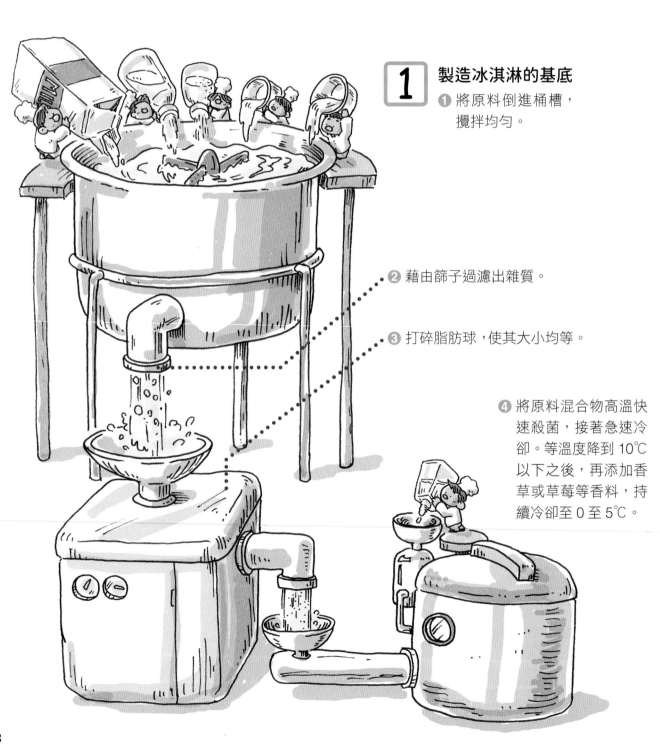

1 製造冰淇淋的基底

❶ 將原料倒進桶槽，攪拌均勻。

❷ 藉由篩子過濾出雜質。

❸ 打碎脂肪球，使其大小均等。

❹ 將原料混合物高溫快速殺菌，接著急速冷卻。等溫度降到 10℃以下之後，再添加香草或草莓等香料，持續冷卻至 0 至 5℃。

2 熟成（又稱老化）

將原料混合物放進桶槽，長時間靜置，使冰淇淋的口感更加柔軟。

■為什麼口感如此柔軟？

冰淇淋口感柔軟的祕訣，在於空氣！拌入空氣會產生氣泡，氣泡能阻隔寒冷，使冰淇淋柔軟可口。

1公升的原料混合物拌入1公升的空氣，能製造出2公升的冰淇淋。此時，空氣的含量是100%。

一般而言，冰淇淋的空氣含量是60至80%，比例愈低，口感愈黏稠厚重；比例愈高，口感愈輕柔滑順。

3 冷凍

將原料混合物與空氣攪拌融合，同時進行冷凍。如此一來，冰淇淋就會變得跟霜淇淋一樣入口即化。

▲將原料混合物急速攪拌冷卻的機器——冷凍庫。

4 裝進容器裡

杯裝冰淇淋

❶ 將冷凍過的原料混合物裝進容器裡。

冰淇淋的種類

　　日本的冰淇淋包裝標示各有不同，除了「Ice cream」之外，還有標示為「Ice milk」、「Lacto ice」的產品。冰淇淋皆含有乳固形物及乳脂*，依據上述成分比例的不同，品名標示也不同。

　　Ice cream 的乳固形物與乳脂含量最高，口感最為柔軟滑順，營養價值也最高。

● 奶油冰淇淋（Ice cream）
　乳固形物 15% 以上，乳脂 8% 以上。
● 牛奶冰淇淋（Ice milk）
　乳固形物 10% 以上，乳脂 3% 以上。
● 非乳脂冰淇淋（Lacto ice）
　乳固形物 3% 以上，乳脂無指定門檻。
● 冰品（刨冰或聖代）
　乳固形物 3% 以下，乳脂無指定門檻。

❷ 將裝有原料混合物的容器放進零下 40℃ 的冷凍庫裡，急速凝固。

＊乳固形物指的是牛乳去除水分之後的其餘成分（像是蛋白質、脂肪、礦物質等）。乳脂則是指冰品內的脂肪成分。

冰棒

❶ 將冷凍過的原料混合物
裝進各種容器裡,再度
冷凍。

❷ 當原料混合物開始變硬,
便插入木棒。

❸ 待原料混合物完
全變硬,就可自
容器中取出,立
即包裝。

▼大量冰棒陸續完成囉!

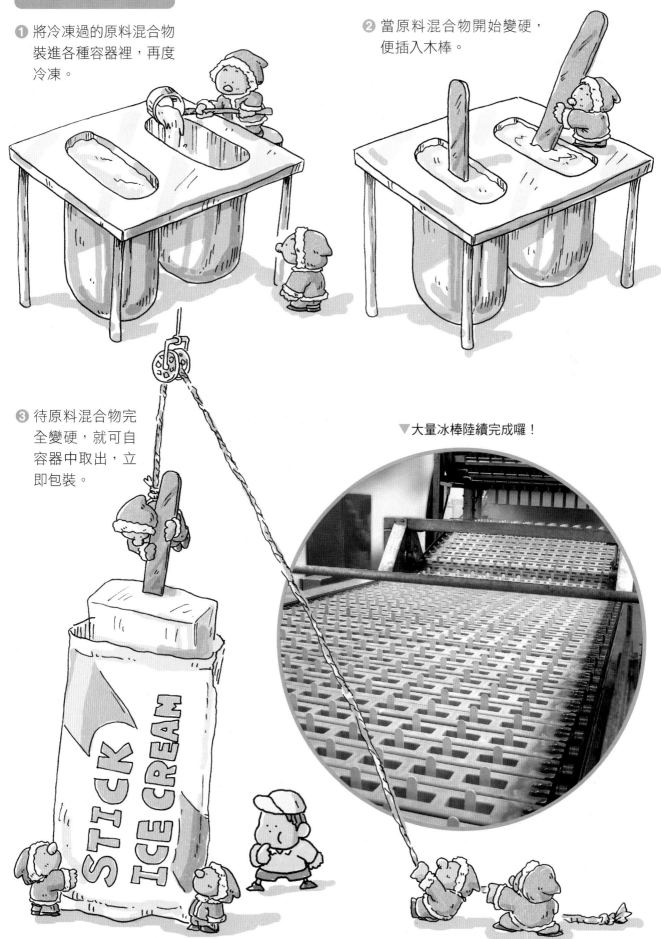

杯麵

杯麵可說是簡單又方便的代表性即食產品，今日大家熟悉的泡麵，其實歷經過多次改良。

在杯麵問世之前，市面上只有袋裝泡麵，必須將麵體裝進碗裡沖泡食用。杯麵這種新型態的泡麵不需要額外準備容器，就能隨時隨地沖泡食用，也不受室內外的限制，因此成為重要的緊急救災物資，也是國際間廣受歡迎的急難糧食。

1 揉麵團

將麵粉、水與鹼水[*1]揉成麵團，靜置一段時間。

[*1] 鹼水能使黃麵增添獨特風味與口感。

2 製造麵體

❶ 將靜置完畢的麵團重疊起來桿平。這個步驟能增添麵條的嚼勁。

❷ 用滾輪將麵團壓成薄片。

❸ 用旋轉刀將麵團切成細細的麵條。

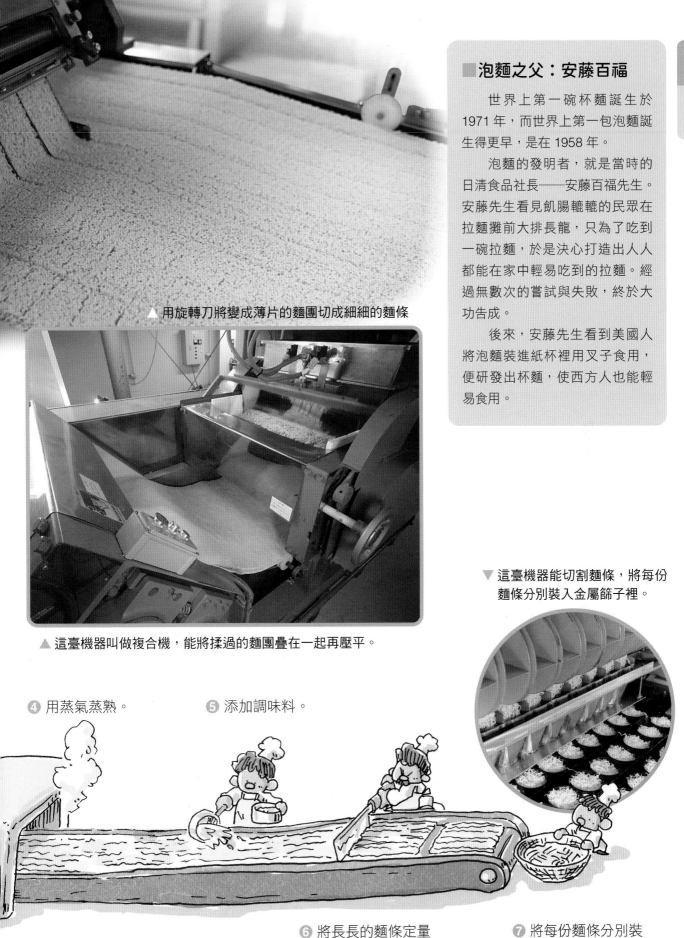

▲ 用旋轉刀將變成薄片的麵團切成細細的麵條

■泡麵之父：安藤百福

世界上第一碗杯麵誕生於1971年，而世界上第一包泡麵誕生得更早，是在1958年。

泡麵的發明者，就是當時的日清食品社長——安藤百福先生。安藤先生看見飢腸轆轆的民眾在拉麵攤前大排長龍，只為了吃到一碗拉麵，於是決心打造出人人都能在家中輕易吃到的拉麵。經過無數次的嘗試與失敗，終於大功告成。

後來，安藤先生看到美國人將泡麵裝進紙杯裡用叉子食用，便研發出杯麵，使西方人也能輕易食用。

▲ 這臺機器叫做複合機，能將揉過的麵團疊在一起再壓平。

▼ 這臺機器能切割麵條，將每份麵條分別裝入金屬篩子裡。

④ 用蒸氣蒸熟。　⑤ 添加調味料。

⑥ 將長長的麵條定量切割。

⑦ 將每份麵條分別裝入金屬篩子裡。

3 油炸
將麵條油炸，以消除水分。

▲ 這是瞬間熱油處理裝置，它能以 160℃的高溫油炸麵條，然後去除水分，使麵條變乾燥。

▲ 用這臺機器油炸麵條，能使麵條凝聚成塊，而且上面緊密下面鬆散。

▼ 將油炸過的熱麵條用冷卻機降溫。

4 冷卻
吹風冷卻麵條。

▼ 將杯子從上方覆蓋麵塊。

5 裝進杯子裡

將杯子從上方覆蓋麵塊，然後再翻過來。這麼做是為了使麵塊剛好固定在杯子中間（→參考右邊解說欄），也能增加杯子的堅固度。

杯麵裡的祕密

杯子裡的麵塊結構是上面緊密、下面鬆散（參考下方照片）。麵塊恰巧卡在杯子中間，能使熱水充分滲透麵體，加速麵條泡軟。

▲ 杯麵的剖面圖

6 添加配料

❶ 加入一人份的調味包與乾燥蔬菜（經過冷凍乾燥加工＊²的乾蔥等配料）。

❷ 黏上蓋子，大功告成！

▲ 在每個杯子裡分別裝入一人份的調味包與乾燥蔬菜。

＊2 將食品急速冷凍，接著在真空狀態下脫水、乾燥。

美乃滋

美乃滋的主要原料是蛋黃。工廠的快速打蛋機，1 分鐘能打 600 顆蛋呢！

美乃滋的製作方法很簡單，只需要雞蛋、植物油與醋即可。日本廠商所販售的美乃滋多半使用蛋黃，但有些品牌的美乃滋會一併使用蛋白。醋與油不能相融，但是加上蛋黃就能融合在一起。只要利用這個特性，在蛋黃裡加入油與醋拌勻，再加上鹽巴、胡椒粉等調味料，就能製成美乃滋。

1 打蛋

❶ 將蛋清洗乾淨。

❷ 打蛋後只取出蛋黃。

16

▲ 專業廚師 1 分鐘頂多打 40 顆蛋，但快速打
蛋機可以在 1 分鐘內打 600 顆蛋。

2 過濾

❶ 將取出的蛋黃倒進
過濾機，以完全去
除繫帶（蛋黃尾端
的白色絲線）之類
的非蛋黃物質。

❷ 低溫殺菌後倒進儲存槽。

3 調味

將儲存槽中的蛋黃倒進調和槽，添加醋、鹽巴、調味料。

4 攪拌

將調和槽的蛋黃倒進攪拌機，添加植物油，接著攪拌（乳化→ P.30 的 [1]）。

5 加工

倒進乳化加工機裡慢慢攪拌。植物油的顆粒會變得更小，使質地變得柔滑。

■連「蛋殼」跟「蛋膜」都不能浪費

製程中只使用蛋黃的美乃滋，蛋白跟蛋殼怎麼辦？難道就這麼丟掉嗎？

蛋白可以拿來做蛋糕、魚板或火腿，而蛋殼粉則能加入餅乾裡，以添加鈣質。

至於蛋殼的薄膜，自古以來就有治療皮膚損傷的功效，因此能做成保養品。說起來，整顆蛋都能物盡其用呢！

6 裝進容器裡

將美乃滋裝進容器裡，再以鋁
箔跟瓶蓋密封。

■首款日產美乃滋

日本第一家美乃滋製造商是
「Kewpie」。他們在 1925 年所
推出的首款美乃滋，使用的蛋黃
量是進口美乃滋的兩倍，營養價
值相當高。

現在，500 公克美乃滋裡含
有 4 顆蛋黃，Kewpie 公司 1 年
約使用 40 億顆雞蛋，占了日本
每日雞蛋生產總量的十分之一。

▼ 運送容器前會將瓶口封住，以免灰塵在運送過程中混入瓶
內。在灌入美乃滋前，工廠也會將容器的瓶口朝下，以免
碎屑在切割瓶口時掉進容器裡。切割完畢後，再將瓶口朝
上，灌入美乃滋。

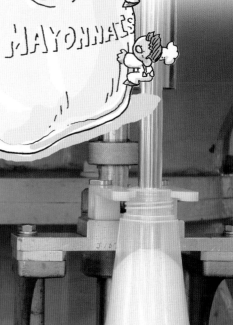

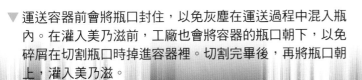

番茄醬

番茄醬的英文是 Ketchup，原意是指由蔬菜跟魚所製造而成的調味料，如今已演變成番茄醬的代名詞。

番茄醬的製作方式，是先熬煮熟透的番茄，接著加入砂糖、鹽巴、醋等各種辛香料，以及洋蔥、芹菜等蔬菜。依據材料、比例、加熱方式的不同，番茄醬的味道也會產生差異。

1 熬煮番茄

❶ 仔細挑選，只留下賣相良好的番茄。

❷ 去除番茄皮、蒂頭等不需要的部分。

❸ 用碾碎機仔細打碎番茄，打成果汁。

❹ 將番茄汁倒進大鍋子裡熬煮，過程要持續攪拌，避免燒焦。此外，也必須分次加入砂糖、鹽、醋、辛香料、洋蔥等調味料與材料，用來調整口味。

2 熬煮

熬煮大約 4 至 5 小時，煮到鍋裡的醬汁蒸發到只剩一半，此時醬汁已濃縮為精華，顏色也變成與番茄相同的深紅色。番茄醬大功告成！

■ Ketchup 不只是番茄醬

番茄醬源自於 19 世紀後期的美國，不僅在日本國內暢銷，也進軍到全世界。

至於 Ketchup，據説來自於中國的魚露（→P.65）。在東南亞，Ketchup 是指醬油；而在菲律賓，甚至推出一款將香蕉染成紅色的 Banana ketchup。

▶ Banana ketchup 幾乎聞不到、也嚐不出香蕉味道。

3 裝進容器裡

❶ 為保持新鮮，必須立即將番茄醬裝進無菌的容器裡面，加蓋密封。

◀ 製造番茄醬所採用的番茄，是夏季採收的鮮紅色熟透番茄。它的茄紅素*比一般生食用的番茄多出 3 至 4 倍。

❷ 將容器放進熱水裡加熱殺菌，接著急速冷卻。貼上標籤便是市面上的番茄醬。

---

* 番茄中的茄紅素，也是營養素之一。具有抗氧化的功能，有助於預防文明病。

豆腐

板豆腐跟嫩豆腐都是豆腐，但為什麼軟硬度如此不同呢？
讓我們一起來看看！

將大豆榨出來的汁液（豆漿）加入凝固劑（鹵水*），凝固後即為豆腐。去除水分、口感紮實的是「板豆腐」；而沒有去除水分即製作完成的是「嫩豆腐」。剛開始凝固就用杓子舀進容器的是「寄世豆腐」，而裝在竹籃裡的叫做「竹籃豆腐」。傳統的豆腐製造方法，都是從板豆腐衍生而來。

1 製造豆腐的基底──豆漿

❶ 輕柔的清洗大豆，避免損傷。

❸ 將膨脹的大豆放進機器裡，一邊加水一邊磨碎。

❷ 泡水一晚，以軟化大豆。吸飽水分後，大豆會膨脹成原本的 2.5 倍。

＊鹵水是指將海水去除鹽分後所留下來的礦物質，能使豆漿凝固。
天然鹵水很稀有，因此現在多半使用氯化鎂等凝固劑。

❹ 將磨碎的大豆放進壓力鍋裡煮 10 分鐘。

■ **豆腐的好朋友，生豆皮。**

　　將豆漿加熱之後表面會產生一層薄膜，用竹籤撈起來，就成了生豆皮。除此之外，還有炸豆腐、烤豆腐等各式豆腐加工品，種類十分豐富（→ P.120）。

❺ 將煮好的大豆放進機器壓榨，
　分離成豆漿與豆渣。

豆漿

豆渣

2 凝固

板豆腐

① 將鹵水加進豆漿裡。

② 在底部設有濾孔的模具鋪上棉布，將①的豆漿倒進去。

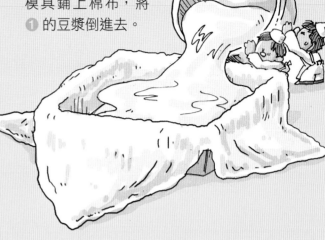

③ 在②上方鋪設棉布並施加外力，以促使豆腐定型。豆漿的水分會經由濾孔流出，如此一來，口感紮實且偏硬的板豆腐就完成了。

嫩豆腐

① 將豆漿倒進模具裡。

② 加入鹵水，使其凝固。由於保留了許多水分，因此豆腐的口感較為柔軟。

24

3 豆腐很容易破碎，因此必須在水中切成適當大小。

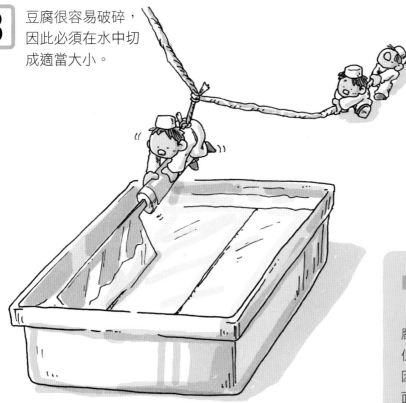

4 裝進盒子裡，大功告成！豆腐很容易腐壞，因此須冷藏保存。

■板豆腐與嫩豆腐

　　板豆腐的日文叫做「木棉豆腐」，是因為製程中會使用棉布，但嫩豆腐的日文「絹豆腐」，並非因為使用絲絹，而是由於相較於表面如棉布般粗糙的板豆腐，嫩豆腐的表面就如同絲絹般光滑。

板豆腐

嫩豆腐

■豆腐是腐敗的豆子？

　　豆腐源自於中國，在中文與日文漢字中都寫成「豆腐」。雖然在日本，「腐」這個漢字是「腐敗」的意思，但中文「腐」的字義多了「柔軟」的含意，因此豆腐並非腐敗的豆子，而是「柔軟的豆子」。

納豆

攪拌納豆會牽出黏稠的絲線，而納豆好吃的祕訣，就在於那些黏稠的絲線。

納豆的原料是大豆。以前有一種用稻草捆成的容器叫做「藁苞」，傳統的納豆製程，就是將煮熟的大豆裝進藁苞裡。稻草中的納豆菌能使大豆發酵，進而變成納豆。據說日本每 1 根稻草，約有 1000 萬個納豆菌。現在市面上的納豆製程跟以前沒什麼不同，唯一差異就是：現在可藉由人工噴灑納豆菌。

1 清洗，浸泡

挑選相等大小的大豆，清洗後泡水一晚。

藁苞 ·

2 蒸熟

將大豆水倒掉，並將大豆放在大鍋裡蒸熟。

◀ 用來蒸大豆的鍋爐。

3 加入納豆菌

將溶有納豆菌的水灑在剛蒸好的
大豆上，再加以攪拌。

▶ 茶壺裡裝的是溶
有納豆菌的水。

■ 那些黏稠的絲線是什麼？

　　納豆菌會分解大豆的蛋白質，製造聚麩
胺酸，這就是納豆黏絲的真實身分。聚麩胺
酸是從含有增鮮成分的麩胺酸轉變而成（昆
布、香菇即含有麩胺酸），因此，納豆的美
味祕訣，就在於那些黏稠的絲線。

◀ 在空氣中越是攪
拌納豆，就會產
生越多白色黏絲。

ㄋ

納豆

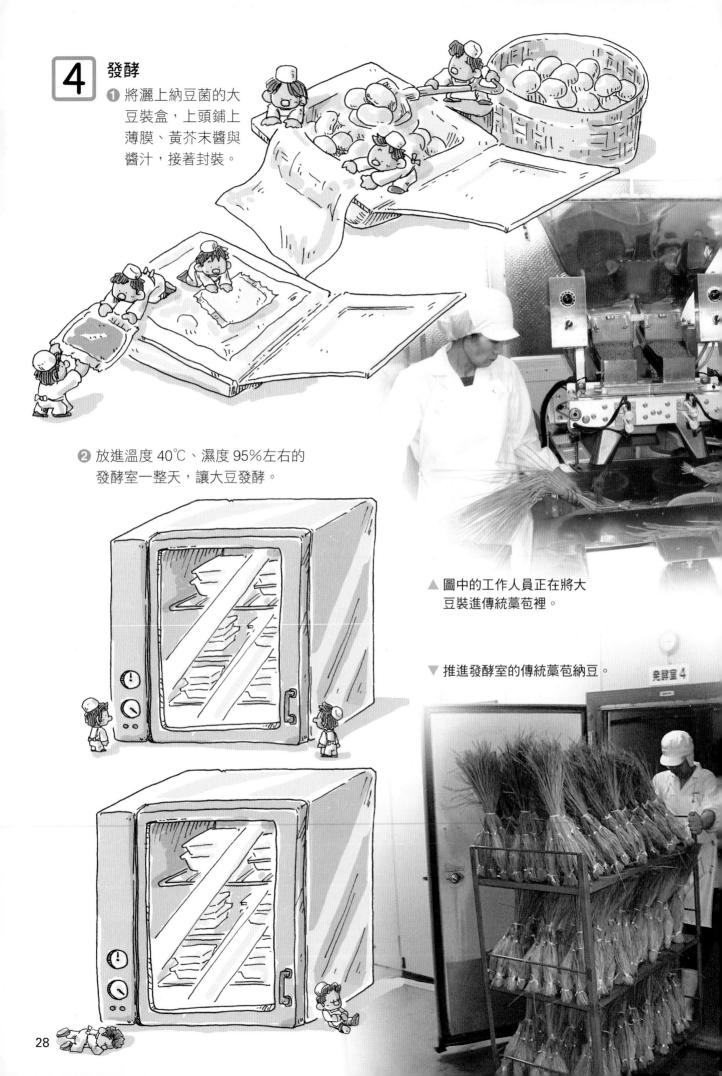

4 發酵

❶ 將灑上納豆菌的大豆裝盒，上頭鋪上薄膜、黃芥末醬與醬汁，接著封裝。

❷ 放進溫度 40℃、濕度 95% 左右的發酵室一整天，讓大豆發酵。

▲ 圖中的工作人員正在將大豆裝進傳統藁苞裡。

▼ 推進發酵室的傳統藁苞納豆。

發酵室 4

28

5 冷卻

發酵到一定程度時，會讓納豆回到常溫，接著
冷藏在5℃的環境，以免大豆繼續發酵。

6 包裝

加上包裝，大功告成！

●冠上「納豆」兩字
的食物

乾納豆（日本茨城縣）
將納豆加上鹽巴與調味料，再
施以乾燥處理。可以直接食用
或加進茶泡飯裡。

濱納豆（日本靜岡縣）
沒有使用納豆菌，而是使用麴
菌製成。味道偏鹹，不會牽
絲。京都大德寺的大德寺納豆
也是使用相同製法。

甜納豆（日本東京都）
名字雖有納豆兩字，卻不是發
酵食品，而是將豆類、栗子沾
砂糖製成的點心。

牛油與植物奶油

牛油與植物奶油看起來很像，味道卻大不相同。為什麼兩者滋味差別這麼大呢？

牛油是從牛乳中抽取乳脂凝固而成，而植物奶油則是在植物油（大豆油、玉米油、菜籽油等）中添加脫脂乳、發酵乳與食鹽後乳化[*1]而成。不僅如此，牛油與植物奶油的硬度也不同；牛油很硬，硬到很難抹在麵包上。

牛油

1 從牛乳抽出乳脂

將牛乳倒入離心分離機中快速旋轉，即能分離成脂肪含量高的鮮奶油[*2]與脂肪含量低的脫脂乳。

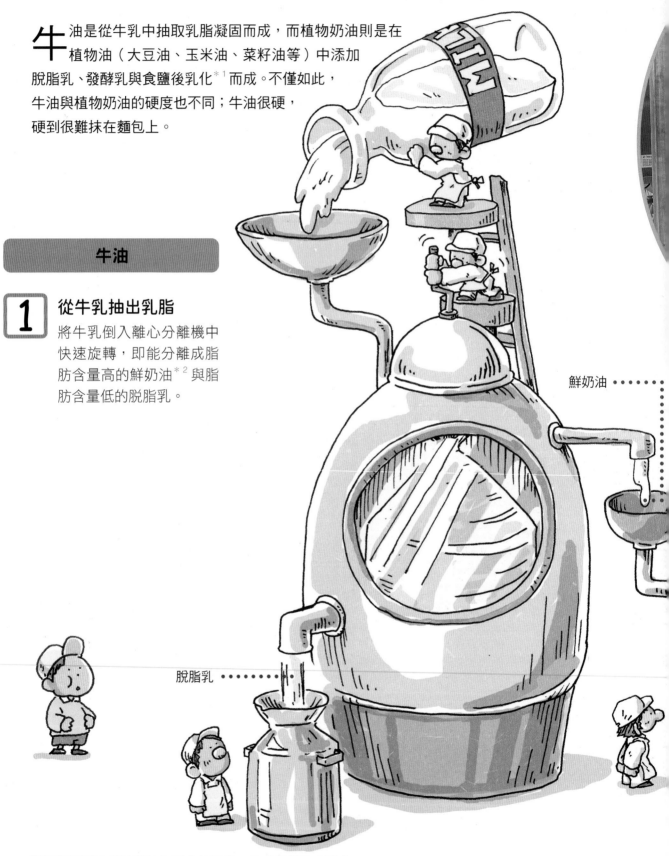

鮮奶油 ⋯⋯⋯⋯

脫脂乳 ⋯⋯⋯⋯

*1 將兩種不相容的液體均勻融合的程序。此處是指油水融合。

*2 牛乳中有許多小小的脂肪球，集合在一起就成了鮮奶油。脂肪球表面包覆著蛋白質薄膜。

▼離心分離機可透過高速旋轉，將牛乳分離成鮮奶油與脫脂乳。

■牛油的製造原理

　　先從牛乳分離出鮮奶油，再藉著用力攪拌來凝聚脂肪球——這種牛油製造法，是從古代流傳至今的老方法。

　　史上最早提到牛油的文字記錄，是西元前 2000 年的印度經書，而西元前 500 年的文獻也記載著：「將馬奶或牛奶倒進木桶裡劇烈晃動，接著撈起浮在表面的那層物質，製成奶油。」只不過，當時的奶油並非食品，而是頭髮或身體的外用藥膏。

▶用來將鮮奶油靜置熟成的熟成槽。

2 殺菌後冷卻
將鮮奶油高溫殺菌，接著立即冷卻。

3 熟成
在低溫下（5℃左右）靜置 8 至 12 小時。這段程序稱為「熟成」。

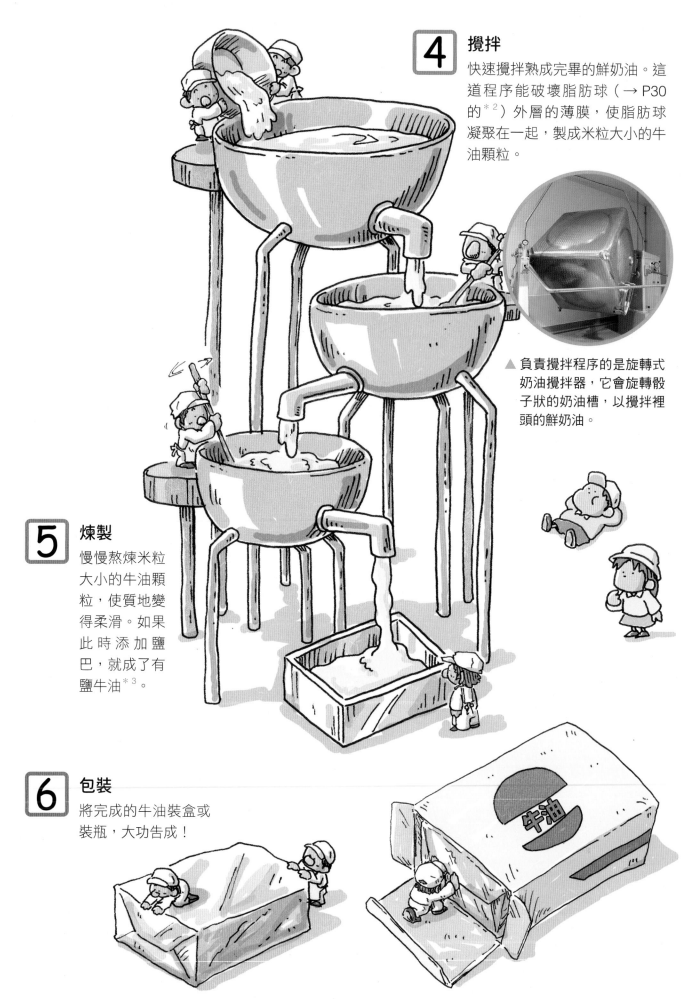

4 攪拌

快速攪拌熟成完畢的鮮奶油。這道程序能破壞脂肪球（→ P30 的[2]）外層的薄膜，使脂肪球凝聚在一起，製成米粒大小的牛油顆粒。

▲ 負責攪拌程序的是旋轉式奶油攪拌器，它會旋轉骰子狀的奶油槽，以攪拌裡頭的鮮奶油。

5 煉製

慢慢熬煉米粒大小的牛油顆粒，使質地變得柔滑。如果此時添加鹽巴，就成了有鹽牛油[3]。

6 包裝

將完成的牛油裝盒或裝瓶，大功告成！

牛油

* 3 未添加鹽巴的牛油稱為無鹽牛油。

植物奶油

1 攪拌原料

將溶有奶粉、食鹽的水與香料
加入植物油（玉米油或大豆油）
裡攪拌，拌勻後使之乳化。

2 殺菌

以 80℃的溫度殺菌 5 秒鐘。

3 冷卻

殺菌後立即冷卻，煉製成堅
硬的植物奶油。

4 包裝

裝進盒子裡，大功告成！

■植物奶油原本是牛油的替代品

植物奶油誕生於 19 世
紀後半的法國，當時由於
缺乏物資，因此拿破崙三
世公開懸賞，徵求製造奶
油替代品的新方法。

這時的植物奶油是在
牛脂中加入牛乳冷卻而成，
這就是植物奶油的原型。

罐頭

罐頭可以常溫長期保存，即使放久了也不影響美味，是不是很神奇呢？我們一起來看看，這當中有什麼祕密吧！

罐頭食品能長期保存而不減損營養與風味，想吃就能隨時食用，簡直美好得像做夢一般，這都要歸功於脫氣殺菌技術。關鍵在於，將食品裝罐後立即抽乾空氣密封，然後在真空狀態下加熱殺菌。由於罐頭密封得十分緊密，空氣與細菌無法進入，因此非常衛生。

什麼是脫氣殺菌製罐法？

❶ 抽出罐頭裡的空氣（脫氣），緊緊裝上蓋子（密封）。

▲ 圖中的機器（真空封罐機）會將罐頭的空氣抽乾，再以二重捲封法緊密封蓋。

罐頭蓋

二重捲封法

罐頭

❷ 加熱殺菌。

❸ 放在水中冷卻。　　完成！

橘子罐頭

1 準備原料
準備一批大小相等的橘子,剝掉外皮。

2 分開果肉
使用高壓水柱沖果肉,讓每瓣果肉分開。

3 剝開內果皮
依序將稀釋過的鹽酸、氫氧化鈉溶液、清水沖泡果肉,使內果皮剝離。

4 裝罐
去除賣相不好的果肉,接著裝罐,加入糖漿。

5 脫氣殺菌
→ P.34

玉米罐頭

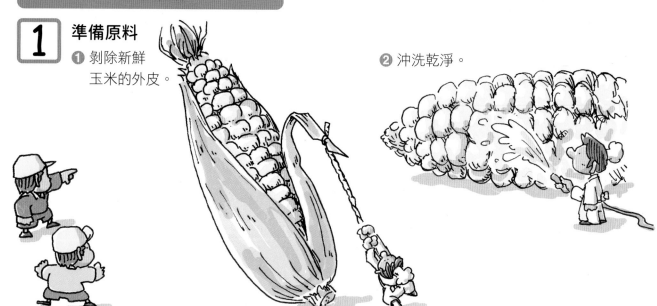

1 準備原料
❶ 剝除新鮮玉米的外皮。

❷ 沖洗乾淨。

2 剝下玉米粒
從玉米芯削下玉米粒。

3 烹調
用 85℃ 的熱水汆燙，以軟化玉米粒。

4 裝罐
先將調味料（砂糖、鹽等等）與水倒進罐頭裡，再倒入玉米粒。

5 脫氣殺菌
→ P.34

■ 誕生於 20 世紀的食品保存技術

　　殺菌軟袋包裝食品，是因應太空發展時代而發明的新型食品保存方式。殺菌軟袋是由金屬與塑膠薄膜加工而成的複合材質，與罐頭相同，同樣能先密封食品再加熱殺菌。

鮪魚罐頭

1 準備原料

去除鮪魚的頭與內臟，清洗乾淨。

2 烹調

將鮪魚蒸熟，接著去除魚骨與魚皮，將魚肉搗碎。

3 裝罐

將搗碎的魚肉裝進罐裡，添加液體調味料與沙拉油。

◀ 將液體調味料注入罐頭裡的機器。

4 脫氣殺菌

→ P.34

果醬

果醬的種類非常豐富，除了草莓、蘋果、柳橙等口味之外，近年來還出現了「蔬菜醬」呢！

果醬是由水果與砂糖熬煮而成的凝膠狀加工食品。糖類與酸能將水果中的果膠（一種能結合植物細胞的碳水化合物）轉化成凝膠狀，若水果原料的果膠不足，需補充果膠；若是酸度不足，則需添加酸味劑。

草莓果醬

1　洗乾淨

去除草莓的蒂頭，仔細清洗灰塵或泥土。

▶ 這是熬煮前的草莓。工作人員會過濾色澤不佳的部分。

●以水果爲原料的果醬

◆果膠與酸度適中的水果：

檸檬、柳橙、葡萄柚等柑橘類，或是偏酸的蘋果（紅玉品種）、李子、葡萄、藍莓等。

◆富含酸度、果膠不足的水果：

草莓、杏果。

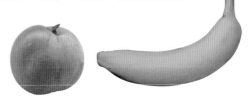

◆富含果膠、酸度不足的水果：

無花果、桃子、香蕉、偏甜的蘋果。

2 熬煮

將草莓倒進鍋裡，邊煮邊加入砂糖，
大約加個 2 至 3 次。

▲ 用大鍋子熬煮草莓。

3 裝瓶

煮好後，趕緊裝瓶封蓋。

※ 草莓的果膠含量低，因此多半必須添加果膠。

4 加熱殺菌與包裝

❶ 將封蓋的果醬瓶放在 90℃
以上的熱水裡煮 10 分鐘，
加熱殺菌。

▼加熱殺菌完畢的果醬瓶，將藉由輸送帶運送到各處。

■柑橘醬

　　柑橘醬的主要原料為柳橙、
夏橙等柑橘類水果。由於葡萄牙
當初使用榲桲＊（Marmelo）做
為果醬原料，因此英文名稱便
演變為「Marmalade」。
　　柑橘醬含有果皮，
所以味道略苦。

　　　　　　　＊又稱為木梨，薔薇科植物，果實金黃渾圓，味道酸酸甜甜。

■瓶裝法的由來

　　為了利於長期保存，果醬裝瓶後會抽出空氣密封，在真空狀態下加熱殺菌（脫氣殺菌）。

　　瓶裝法發明於 19 世紀的法國，起因就是大名鼎鼎的拿破崙。

　　當時拿破崙在歐洲四處征戰，需要大量軍糧，因而重金懸賞，徵求全新的食品保存法。從事食品業的阿佩爾（Nicolas Appert）想出新方法，將食物塞進玻璃瓶裡，接著用軟木塞略微封住瓶口、用熱水煮過，再將軟木塞壓緊。從此之後，這種瓶裝法就一直沿用至今。

❷ 放進溫水中冷卻。冷卻後，果醬就會變得黏稠。

❸ 貼上標籤，大功告成！

果汁

果汁分成「天然果汁」與「濃縮還原果汁」，兩者之間有什麼差異，又是如何製造的呢？

果汁，泛指由水果、蔬菜汁為原料所製成的飲料。從前，日本有些產品明明不含果汁，卻還是標上「果汁」兩字，現在可不同了。除了 100％純果汁以外，均不可使用此名稱。天然果汁，指的是從水果榨汁後直接裝瓶的產品，而榨汁後經過脫水濃縮（提高濃度），必要時再還原（恢復）成果汁的產品，即稱為濃縮還原果汁。

1 準備原料
檢查橘子是否有損傷，清洗乾淨。

◀ 藉由噴灑清水來清洗橘子的自動清洗機。

▶ 能夠快速榨汁
的榨汁機。

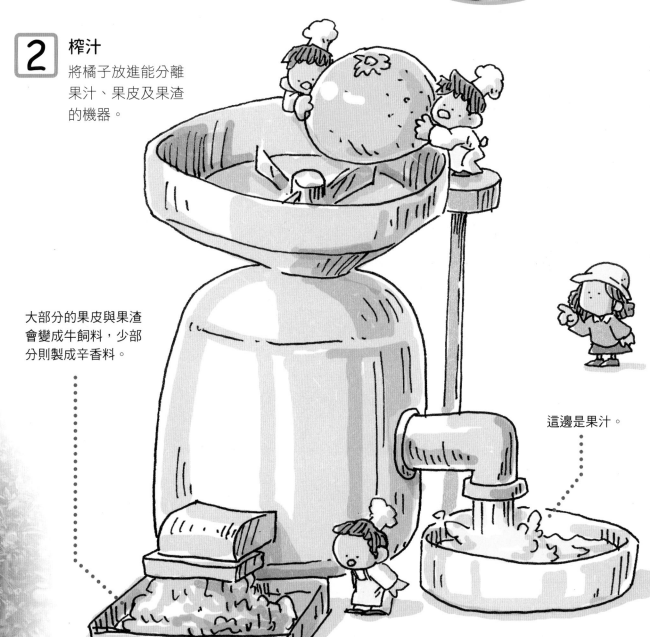

② 榨汁

將橘子放進能分離
果汁、果皮及果渣
的機器。

大部分的果皮與果渣
會變成牛飼料,少部
分則製成辛香料。

這邊是果汁。

天然果汁

1 倒進離心分離機

榨好的果汁含有果肉纖維（果渣），
因此必須使用離心分離機去除果渣。

2 製造天然果汁

加熱殺菌，然後裝瓶。

44

濃縮還原果汁

1 冷凍儲藏

將榨好的果汁進行脫水濃縮處理，
保存在零下18℃的冷凍庫裡。

◀ 冷凍庫裡排滿了裝有果汁的鐵桶。去除90%
左右的水分，就能使體積縮小為七分之一。
濃度愈高的液體愈難結冰，因此，濃縮果汁
在冷凍庫裡仍能維持果漿狀。

2 還原濃縮果汁

❶ 將濃縮果汁從冷凍庫取出，將減少的水量加回去，
讓它變得像剛榨好的果汁，接著倒進調和槽。

❷ 加熱殺菌，
再裝瓶。

果汁

■ 濃縮還原的好處是什麼？

濃縮還原果汁的好處在於，即使水果採收期已經結束，仍然能製造果汁。

冷凍保存需要耗費冷凍庫的空間，藉由脫水減少體積，不僅能節省儲藏槽與倉庫的空間，也能節省冷凍庫的電費與運輸費用。因此，濃縮還原果汁比天然果汁便宜。

咖哩塊

有了咖哩塊，就能在家輕鬆做出道地的咖哩料理了。咖哩塊究竟是如何製成的呢？

咖哩是先從印度傳到歐洲，再從英國傳入日本的產物。印度咖哩比較稀，歐洲的咖哩則是先用麵粉、奶油與橄欖油拌炒，再加入清湯或牛奶增加稠度，攪拌成麵糊狀。

炒麵糊（Roux）是烹飪用語，泛指用油來「炒麵粉」製成的麵糊，可以讓湯品增加稠度。在咖哩塊的製作過程中，除了咖哩粉，也會加入肉、蔬菜萃取物、調味料等食材。

1 拌炒麵粉

用油仔細拌炒麵粉。

2 準備原料

❶ 將咖哩粉、鹽巴、肉、蔬菜煮成
高湯，製成高湯粉，接著秤重、
過濾，用攪拌機攪拌均勻。

▲ 這是用來攪拌粉末與液體的大型攪拌機。

❷ 將定量的液體調味料
與粉末攪拌均勻。

● 咖哩含有幾種調味料（辛香料）？

所謂的「咖哩粉」，
其實是由好幾種調味料調
和而成的辛香料。

一般而言，較為知名
的有：用來調出咖哩色澤
的薑黃、增添辣味的生薑
與辣椒、增添香氣的多香
果、小豆蔻、丁香、芫荽、
孜然等等。

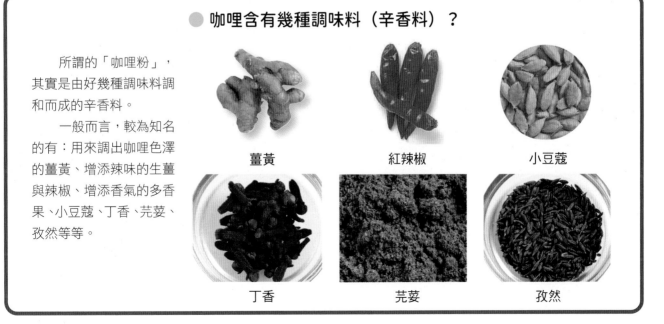

薑黃　　　　　紅辣椒　　　　小豆蔻

丁香　　　　　芫荽　　　　　孜然

3 熬煮

❶ 將炒過的麵粉與原料放進蒸氣鍋裡，以 100℃ 左右的溫度熬煮 1 小時。

❷ 將煮好的咖哩醬移到另外的鍋子裡靜置一段時間，待其降溫。

❸ 為了避免結塊，必須先過濾咖哩醬，使其變成滑順的膏狀物，再倒進容器裡。

▼ 用來熬煮材料的大型蒸氣鍋「Cooker」。

▲ 自動化機器將膏狀咖哩醬倒入容器裡。

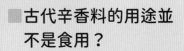

古代辛香料的用途並不是食用？

古埃及人製作木乃伊時，會將咖哩必備的丁香與孜然等辛香料塞入體內，用來防腐、消臭。

此外，據說在中國漢朝，王公貴族會將丁香含在口中，以消除口臭。

▲ 藉由冷凍過程使膏狀咖哩醬凝固。

4 冷卻、凝固

❶ 將倒入容器裡的膏狀咖哩醬送進冷凍庫，使其凝固。

❷ 如果在冷卻的狀態下直接包裝，咖哩塊的表面會產生水氣，因此必須放進加熱機裡加溫。

5 包裝

❶ 在盒裝咖哩塊表面覆上塑膠膜。

❷ 裝進包裝盒裡，大功告成！

口香糖

口香糖是一種越咬越帶勁的零食，而它的原料，就是天然樹汁！

中南美洲原住民有咀嚼樹汁膠塊的習慣，而這就是口香糖的起源。現代口香糖的原料，則是由人心果樹的樹汁熬煮而成的糖膠樹膠（Chicle）。口香糖基本上沒有味道，必須使用甜味劑來調味，近年來多半使用不易引發蛀牙的木醣醇，再加上香料增添芬芳，就是好吃的口香糖了。接下來，讓我們一起來看看片狀口香糖的製程吧！

1 製造口香糖基底

❶ 將糖膠樹膠等天然樹脂塊加熱融化。（見本頁照片）

❷ 將其他原料加入融化的樹脂中，就成了口香糖基底。

●天然糖膠樹膠的製作方法

劃開人心果樹的樹幹表皮。

收集人心果樹的表皮所滲出的樹汁。

熬煮樹汁製成塊狀，然後運往工廠。

2 製造口香糖的素材

將砂糖、香料等加入口香糖基底，倒入攪拌機，就會變成柔軟的口香糖糰塊。

▲ 將砂糖、香料等加入口香糖基底。

3 塑型

❶ 將柔軟的糰塊壓成長條形。

❷ 用滾輪將口香糖擀成薄片狀，切成固定的尺寸。

▼ 將壓過的口香糖擀成薄片狀。

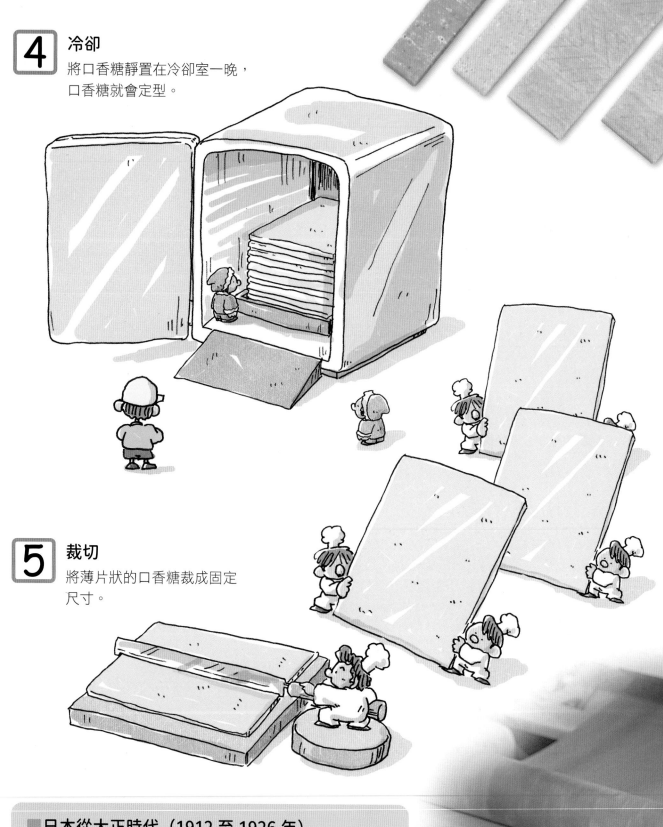

4 冷卻

將口香糖靜置在冷卻室一晚，
口香糖就會定型。

5 裁切

將薄片狀的口香糖裁成固定
尺寸。

6 包裝

用鋁箔紙與包裝紙包起一片片的口香糖。

▼ 這臺機器專門用來裁切擀成薄片狀的口香糖。

■ 口香糖的功效

一般認為，嚼食口香糖有以下功效：

- 活化腦力，提高思考能力與記憶力。
- 刺激大腦的飽食中樞，即使吃得不多，也能帶來飽足感。
- 咀嚼能刺激唾液分泌，而唾液有助於消化食物。

火腿與香腸

火腿與香腸是發源於歐洲的加工食品。肉類經過加工後，就能大幅延長保存期限。

歐洲自古以來就是肉食文化相當發達的地區，創造了各種肉類加工食品。以前的製程很單純，不外乎是用鹽巴醃漬肉塊，或是抹鹽之後曬乾或烘乾。有些火腿跟香腸在製作中完全未經加熱，但日本的火腿、香腸，主要是以鹽巴醃漬的肉塊煙燻[*1]後加熱製成。

火腿

1 清理肉塊
去除多餘的脂肪。

2 用鹽巴醃漬

❶ 將肉塊泡在溶有鹽巴與辛香料的液體裡。

❷ 冷藏一星期以上，以利熟成。

＊1 用煙燻製食物。

3 塑型

肉塊熟成完畢後，用清水洗掉肉塊表面的鹽巴，接著包上腸衣[*2]，調整形狀。

火腿與香腸

■什麼是生火腿？

日本將經過加熱程序的豬肉加工品稱為火腿，未經加熱程序的則稱為生火腿。生火腿的不同之處在於，用鹽巴醃製數星期並洗淨後，不會經過熬煮或水煮，而是會花上數個月或數年來施行乾燥處理。儘管未經加熱，用鹽巴醃漬還是能使肉熟成，延長保存期限。

4 煙燻

燻製完畢後，先水煮再冷卻。

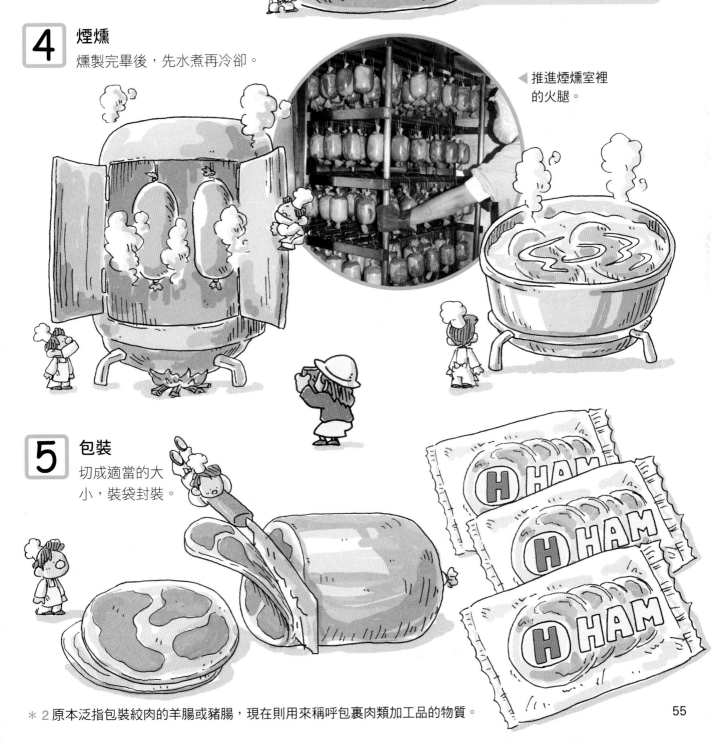

◀推進煙燻室裡的火腿。

5 包裝

切成適當的大小，裝袋封裝。

* 2 原本泛指包裝絞肉的羊腸或豬腸，現在則用來稱呼包裹肉類加工品的物質。

1 清理肉塊

去除多餘的脂肪。

2 去除多餘的脂肪

❶ 將肉塊泡在溶有鹽巴與辛香料
的液體裡。

❷ 冷藏一星期以上，以利熟成。

■香腸的名稱

　　日本依據 JAS（日本農林規格），將香腸分成以下三大類：

- 維也納香腸：使用羊腸做為腸衣，直徑不到 20 公釐。
- 法蘭克福香腸：使用豬腸做為腸衣，直徑為 20 公釐至 36 公釐。
- 波隆那香腸：使用牛腸做為腸衣，直徑在 36 公釐以上。

　　如上所示，日本的香腸名稱與各香腸產地毫無關聯。原本「維也納香腸」指的是奧地利維也納製造的香腸，「法蘭克福香腸」指的是德國法蘭克福製造的香腸，而「波隆那香腸」，則是指義大利波隆那所製造的香腸。

　　此外，莎樂美腸指的是未經加熱，僅使用乾燥程序製造的香腸。

3 塑型

❶ 用絞肉機將豬肉絞成肉泥，
接著添加調味料。

❷ 灌進豬腸或羊腸裡。這道程序
稱為「灌香腸」。

4 煙燻

燻製完畢後，先水煮再冷卻。

▲ 工廠人員將灌好的一
串串香腸掛起來，送
進煙燻室。

5 包裝

將連結在一起的一條條香腸剪
開，包裝起來。

蒟蒻

蒟蒻這種 Q 彈有嚼勁的食物，是由魔芋製成的。那麼，魔芋是怎麼變成蒟蒻的呢？

蒟蒻是由天南星科魔芋屬的塊莖植物所製成，只要稍微咬一口，就會嚐到強烈而刺激的苦澀味。因此，光是水煮或煎、烤是無法食用的，必須先用鹼[*] 去除苦澀味才行。此外，鹼也有助於蒟蒻塑型。

▶ 蒟蒻的原產地是印度、斯里蘭卡一帶，在當地又稱為「象足」；而日本的主要產地則是北關東地區，如群馬縣、栃木縣、茨城縣等。（圖為三年生的魔芋）

■好的「AKU」與壞的「AKU」

在日語中，苦澀味與鹼的發音都是「AKU」。因此，想製造蒟蒻，就必須用好的「AKU」去除壞的「AKU」。

1 製造粉末

❶ 用清水清洗魔芋，然後削皮。

❷ 將魔芋切成薄片，然後乾燥、磨成粉狀。

[*] 鹼指的是氫氧化鈣（俗稱「熟石灰」）或碳酸鈉（俗稱「蘇打」）

2 塑型

❶ 將蒟蒻粉以少量、分幾次加入 50 至 70℃的熱水中。

❷ 加入石灰水（由熟石灰跟溫水融合而成），並藉由攪拌來加速成型。

❸ 倒入模具，靜置 30 分鐘至 1 小時。

◀ 工廠會使用機器來執行塑型工作，圖中的作業員正在將原料灌進模具裡。

■ 魔芋的生長過程

　　魔芋從種植「種芋」（用來當種子的魔芋，不能食用）到收成，必須耗費三年的時間。春天播種會生出新芋，接著在地下長出塊莖，秋天長出小魔芋（日文稱為「生子」）。隔年春天將生子當成種芋，秋天收成，此為「一年生」；隔年春天，再將「一年生」當成種芋栽培，秋天收成，此為「二年生」；隔年再重複相同過程，生出的魔芋即為「三年生」。

　　一年生的大小約為生子的 5 至 10 倍，而三年生會比二年生更大至 5 到 8 倍。三年生的魔芋，直徑最大約有 30 公分。

　　由於魔芋不耐寒又容易受損，從收成到隔年再種植的這段時間，保管魔芋的難度極高。

▲ 左起依序為魔芋的生子、一年生、二年生。三年生請參考 P.58 的照片。

3 去除苦澀味

❶ 將凝固的蒟蒻泡在熱水裡，煮半小時 至 1 小時，以完全去除苦澀味。

❷ 浸泡冷水半天。

4 切塊

切成適當的大小。

5 包裝

為了保持新鮮，蒟蒻必須與水一 同封進袋子裡。

■古人的智慧

　　有些蒟蒻顏色偏黑，又 有黑色顆粒，在日本稱為 「鄉下蒟蒻」，是將魔芋磨 碎後熬煮製成的。

　　既然蒟蒻的製造方式 如此簡單，為什麼要大費周 章的將魔芋磨成粉呢？原來 是因為新鮮的魔芋不易長久 保存，而且磨成粉也方便於 運送。「蒟蒻」真是古人智 慧的結晶啊！

●五花八門的蒟蒻

塊狀蒟蒻
將原料倒入模具,塑型成塊狀
的蒟蒻。

蒟蒻球
不使用模具,直接捏成球狀煮
熟的蒟蒻。

蒟蒻絲
在蒟蒻漿尚未凝固前倒入篩子
裡,就會變成細繩狀,煮熟即
為蒟蒻絲。又稱為「蒟蒻麵」。

醬油

醬油是日本人不可或缺的調味料。日本料理在國際間廣受歡迎，因此醬油也成了全球家喻戶曉的產品。

醬油的原料是大豆、小麥與鹽巴，而麴菌*能使上述原料變成擁有獨特香氣、味道的醬油。日本人提到醬油，多半是指此處所介紹的「濃口醬油」，但其實醬油還有「淡口醬油」、「溜醬油」等種類。

1 處理大豆與小麥

❶ 將大豆浸在水裡，泡軟後再用高溫蒸熟。

❷ 倒入小麥，仔細搗碎。

*一種黴菌，能將蛋白質、澱粉轉化成胺基酸與糖。除了醬油，
麴菌也廣泛運用在酒、味醂、味噌等傳統日本食品當中。

2 製造醬油麴

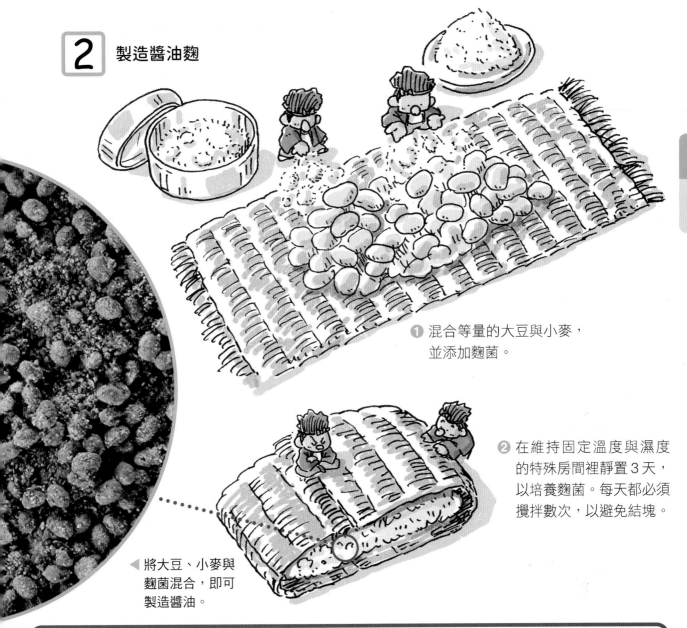

❶ 混合等量的大豆與小麥，並添加麴菌。

❷ 在維持固定溫度與濕度的特殊房間裡靜置3天，以培養麴菌。每天都必須攪拌數次，以避免結塊。

◀ 將大豆、小麥與麴菌混合，即可製造醬油。

●日本醬油的種類

濃口醬油	淡口醬油	溜醬油	再仕入醬油	白醬油
占日本全國醬油消費量 80 % 以上。用途相當廣泛，可用來烹飪，也可用來當作沾醬。	發源地為日本的關西地區。原料與製作方法都與濃口醬油差不多，但為了使顏色淡一些，不僅鹽分含量較高，發酵、熟成期間的溫度也較低。	主要客群為愛知縣，其次為三重縣、歧阜縣。主要原料為大豆，幾乎不用小麥，即使有，比例也極低。口感較濃稠，味道也較濃。	主要產地為山口縣，其次為山陰地區到北九州地區。製作醬醪時，以醬油取代食鹽水，拌入醬油麴中。色香味均偏濃。	發源於愛知縣碧南地區的醬油。主要原料是小麥，與溜醬油相反，味道較甘甜，顏色比淡口醬油還淡。主要用於烹飪或加工。

醬油

4

3 製造醬醪

① 將食鹽水拌入做好的醬油麴，製造醬醪。鹽巴能防止醬油製造過程中產生腐敗菌（使食物腐壞的細菌）。

醬醪

② 將醬醪靜置 6 個月至 1 年，以完成發酵、熟成。初期為了使麴菌所製造的酵素能發揮作用，必須每天攪拌。

▼ 工廠會將醬油醪放在大型儲存槽裡慢慢發酵、熟成。

4 榨出醬醪

❶ 用布包住醬醪

❷ 將包裹醬醪的布層層堆疊，醬醪本身的重量即能微量榨出醬油。接著再施加外力，花上一天慢慢榨出醬油。

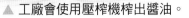

▲ 工廠會使用壓榨機榨出醬油。

5 裝瓶
將做好的醬油裝進瓶子裡，大功告成！

■醬油的遠親近鄰

　　日文將醬油的漢字寫成「醬油」（SYOUYU），而「醬」字發音為「HISHIO」，泛指用鹽巴醃製發酵而成的甘甜調味料或食品。

　　在亞洲，魚醬（魚露）是常見的魚類醃製調味品，例如泰國的「Nam pla」跟越南的「Nướcmắm」都十分知名。而日本秋田和能登兩地特產的魚醬叫做 Shottsuru 和 Ishiru（音譯），是當地美食常用的調味品。

※ 工廠在裝瓶前多半會加熱殺菌，未經加熱就裝瓶的醬油稱為「生醬油」。

醬汁

在日本，說到醬汁（Sauce），多半是指 19 世紀隨著西方料理一同傳入日本的伍斯特醬（Worcestershire sauce）。

伍斯特醬的做法，是先熬煮蔬菜、水果，然後加入甜味（砂糖）、鹽巴、酸味（醋），最後再以辛香料增添香氣。Sauce 原本的含意是「用鹽巴調味」，後來衍伸為「用鹽巴調味的液狀調味料」。包含用奶油炒過麵粉後再添加鮮乳製成的白醬、以番茄為基底做成的紅醬，以及番茄醬（→ P.20）、美乃滋（→ P.16）都是醬汁的一種，可謂種類繁多。

1 熬煮原料

❶ 將蔬菜、水果
洗淨削皮，
仔細切碎。

❷ 熬煮切好
的蔬菜。

▲ 切成碎丁的蔬菜必須熬煮 1 小時。

2 製造原液

❶ 用攪拌機將碎丁打得更碎，
接著用篩子 *過濾。

❷ 將過濾完的原料加
上砂糖、鹽巴，以
製造醬汁原液。

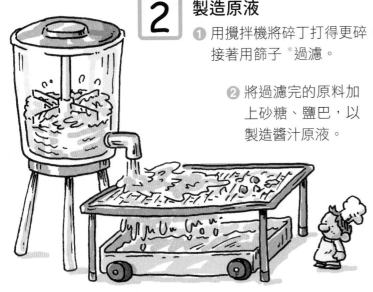

＊利用金屬濾網或過濾布來過濾雜質。

67

3 調味

❶ 將辛香料與調味料加入原液中
攪拌,再用醋進行最後調味。

● 醬汁裡的
各種辛香料

丁香

❷ 靜置在儲存槽裡,使味道
與氣味變得較為溫潤。

4 裝瓶

❶ 去除溶不掉的雜質,
加熱殺菌。

❷ 裝進容器裡。

白胡椒

肉桂

鼠尾草

百里香

小茴香

月桂葉

▲ 這臺機器每小時約可裝好 9000
瓶醬汁。裝好後會立即封瓶，避
免微生物入侵。

■ 伍斯特醬、中濃醬、豬排醬，到底有什麼不同？

伍斯特醬的原料是蔬菜汁，口感較為爽口不黏膩。

豬排醬的原料是蔬菜的果肉，因此質地黏稠，味道也較甜。

至於中濃醬，味道與口感則介於伍斯特醬與豬排醬之間。三者的製造方法都相同，但是黏稠度的差異，卻使它們成了三種不同的產品。

起司

起司是含有豐富蛋白質與脂肪的高營養食品，但製作起來可要耗費許多時間呢！

據說世界各地的起司種類超過 1000 種，原料則為牛、水牛、羊、山羊等動物的乳汁。根據製作方式的不同，分成天然起司與加工起司；天然起司種類繁多，每種產品的乳汁種類、熟成方式、產地氣候各不相同；而加工起司則是將一種或多種天然起司融化加工製成，保存時間比天然起司更長。

製造天然起司的基本製程

1 製造起司的基底

❶ 將乳酸菌倒入經過低溫殺菌的鮮乳，使其發酵。

2 切斷凝乳

用起司切割刀將凝乳切碎，切過的凝乳會流出一種叫做「乳清」的液體。

3 去除水分

去除水分的方式有兩種，可將凝乳放進過濾筒（上圖），或是用布過濾水分（下圖）。

❷ 添加促進鮮乳凝結的酵素（凝乳酵素）。靜置一段時間後，鮮乳就會變成柔軟的白色塊狀物，這就是「凝乳」。

▲ 用起司切割刀切開凝乳。切過的凝乳仍然含有許多水分，甚至比豆腐還柔軟。

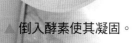

倒入酵素使其凝固。

▶ 將切好的凝乳攪拌一番，水分就會自動滲出。

口感偏軟的天然起司（卡芒貝爾起司）

4 施加壓力

用外力壓榨凝乳，進一步去除水分。

5 加入鹽分

將過濾筒倒放數次，靜置兩天，凝乳的體積就會變小。接著將它倒出來，加入鹽水。

6 預發酵

❶ 乾燥後，在起司表面添加白黴。

❷ 將起司移到熟成室裡預發酵，使其表面覆滿白黴。接著，再讓它進一步發酵，並且不時翻面。

口感偏硬的天然起司，請參考 P.72。

7 正式發酵

以透氣的紙包裹起司，進行正式發酵。靜置數星期後冷藏。

4 施加壓力

用外力壓榨凝乳，進一步去除水分。

5 添加鹽分

方法因人而異，可以直接加鹽，也可以泡在鹽水裡。

6 發酵、熟成

用保鮮膜包裹圓形起司，移到恆溫恆濕的溫暖空間裡發酵、熟成。熟成期間依起司種類而異，短則 1 至 6 個月，長則 1 年以上。

▲ 靜靜的發酵、熟成。

●最具代表性的天然起司

口感偏軟的起司

茅屋起司

卡芒貝爾起司

莫札瑞拉起司

奶油起司

口感偏硬的起司

高達起司

艾曼塔起司

加工起司

1 切碎
將數種偏硬的天然起司切碎混合。

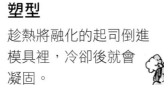

2 用高溫融化
將乳化劑（增進食品黏度的食品添加劑）加進切碎的起司裡，用高溫融化。

3 塑型
趁熱將融化的起司倒進模具裡，冷卻後就會凝固。

■該如何製作「牽絲起司」？

　　能像絲線般拉長的牽絲起司，叫做「String cheese」，「String」是「線」的意思。牽絲起司的製程前半段與天然起司「莫札瑞拉起司」相同，後半段則須將熱水澆在去除水分的凝乳（→ P.70）上。靜置一段時間後，就會變得像剛搗好的麻糬。接著，再將起司拉長、折疊數次，形成層層相疊的起司塔，最後再用鹽巴調味，大功告成。

巧克力

巧克力的原料是可可豆。堅硬的可可豆，是怎麼變成入口即化的巧克力呢？讓我們一起來瞧瞧！

巧克力的原料——可可豆，是可可樹果實的籽。可可樹的產地位於非洲、中南美洲等年均溫 27℃以上的高溫潮濕地帶。將可可豆從產地運往製造工廠，再經過加熱、碾碎、精煉，才能變成口感柔滑的巧克力。

1 烘豆

❶ 從可可豆當中剔除壞掉的豆子或雜質。

▲ 可可樹的果實長約 10 至 32 公分，直徑約 5 至 15 公分，形狀類似橄欖球。在黏答答的白色果肉之中，含有 20 至 40 顆咖啡色可可豆。

❷ 剝除可可豆的皮，取出可可豆仁。

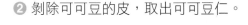

❸ 以 100℃以上的高溫烘烤可可豆仁。

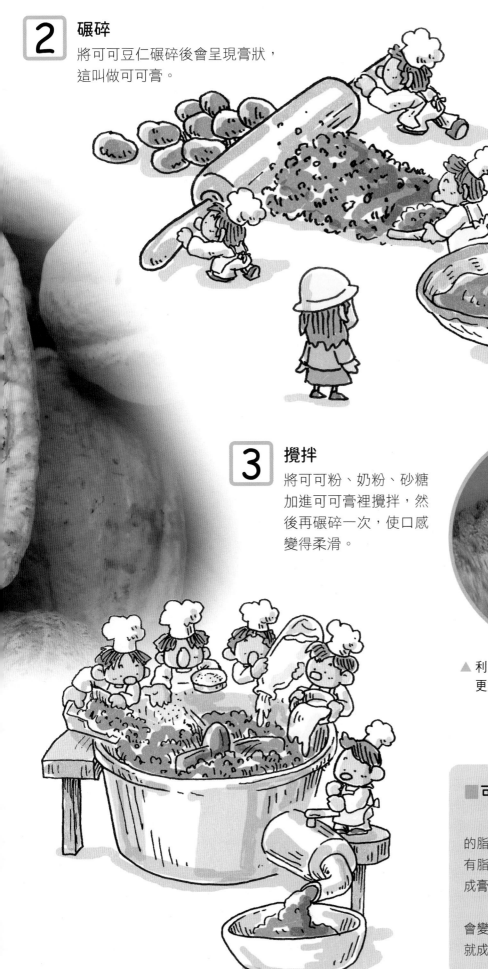

2 碾碎

將可可豆仁碾碎後會呈現膏狀，
這叫做可可膏。

3 攪拌

將可可粉、奶粉、砂糖
加進可可膏裡攪拌，然
後再碾碎一次，使口感
變得柔滑。

▲ 利用精磨機，將可可膏研磨得
更加溫潤柔順。

可可粉是巧克力的兄弟

　　1 顆可可豆含有 40 至 50％
的脂肪（可可脂），正是因為含
有脂肪，可可豆仁碾碎後才會變
成膏狀。

　　從可可膏去除適量脂肪，就
會變成可可塊；可可塊磨成粉，
就成了可可粉。

75

4 精煉

將順滑的可可膏精煉24小時,使氣味與味道更加迷人。

▲ 這臺機器叫做巧克力精煉機。

5 攪拌

定溫攪拌,以調整巧克力的色澤與硬度。

6 塑型

① 倒進各種模具裡。

② 冷卻降溫,使之凝固。

③ 從模具中取出巧克力。

④ 包裝完畢,大功告成。

■巧克力曾經是一種飲料

13 至 16 世紀時,在現今的墨西哥地區,人們會將可可豆磨成膏狀,加入香草、辛香料後飲用。這種飲料味道苦澀、油膩,口感也很粗糙,實在稱不上好喝,但在當時可算是高級飲料,只有上流人士才有財力享用。

鮮乳

各位都知道，鮮乳是從牛身上擠出來的乳汁吧？那麼，各位知道剛擠出來的乳汁，味道與市面上的鮮乳不一樣嗎？

剛從牛身上擠出來的乳汁稱為生乳，而經過加熱殺菌的乳汁，便稱為鮮乳。製造鮮乳，首先必須從收集生乳開始。酪農通常早晚各擠 1 次牛乳，1 頭牛的產乳量，1 天大約是 20 至 30 公升。生乳含有豐富的營養成分，剛擠出來的生乳會立即送進工廠，接著用不減損營養價值與美味的方式為生乳加熱殺菌，便成了市面上的鮮乳。

▶ 牛的飼料以青草、乾草、稻草、青貯飼料（青草的發酵物）為主，有時還會加上玉米、小麥、米糠、豆粕等等。

1 擠乳汁

酪農擠出乳汁後，會將生乳立即送進冷藏儲存槽。

2 收集生乳，運向工廠

集乳車（低溫運輸槽車）會到牧場收集生乳，接著運向工廠。

◀ 在乳牛的乳房裝上擠乳機，用來擠出乳汁。

3 檢驗

將集乳車的生乳倒入工廠的儲存槽之前，必須先檢驗品質。

4 過濾雜質

利用一種能在低溫狀態下高速旋轉的機器，去除生乳中的細微雜質。

■牛乳的種類

日本的牛乳大致分成以下六大類：

① 成分無調整鮮乳：乳脂 3%，無脂乳固形物（脂肪以外的養分）8% 以上。

② 低脂鮮乳：將生乳中的乳脂降低到 0.5 至 5% 之間。

③ 脫脂鮮乳：幾乎完全去除生乳中的乳脂，將乳脂含量壓到 0.5% 以下。

④ 成分調整牛乳：去除生乳中的部分乳脂或水分，以提高成分濃度。

⑤ 加工乳：在生乳中添加奶油、鮮奶油等乳製品的牛乳。

⑥ 調味乳：在生乳中添加非乳類成分（如維他命、咖啡）的乳品，像是咖啡牛乳、水果牛乳。

▲ 這臺機器叫做淨化器。它能藉由高速旋轉產生離心力，以分離生乳中的雜質。

5 打碎脂肪球

組織均質機能打碎生乳中的脂肪球，使其大小相等。生乳中含有許多大顆脂肪球，如果放置不管，便會產生油水分離的現象，使脂肪球浮在表面。將脂肪球變小，就能預防分離，使養分更容易吸收。

6 殺菌

加熱殺菌的方式不只一種，有高溫短時間殺菌（120℃，2秒），也有低溫長時間殺菌（65℃，30分鐘）。殺菌後須立即冷卻。

8 包裝

將鮮乳裝進玻璃瓶或紙盒裡。

■日本學校營養午餐的牛奶瓶，最後去了哪裡？

營養午餐的牛奶喝完後，牛奶瓶會回收到工廠裡。

工廠會先檢查牛奶瓶有無破損，接著用專業設備（清洗、消毒牛奶瓶的機器）清理乾淨，以便循環再利用。

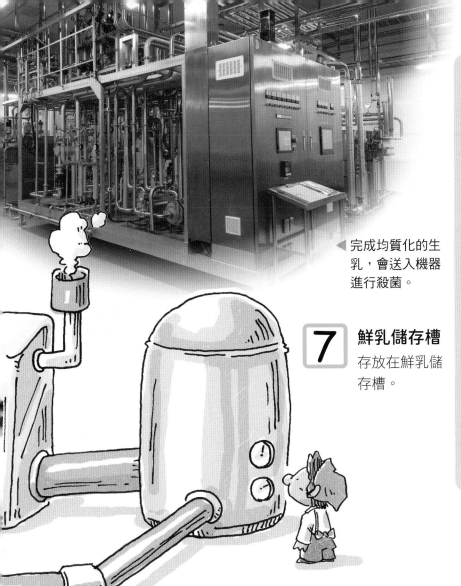

完成均質化的生乳，會送入機器進行殺菌。

7 鮮乳儲存槽
存放在鮮乳儲存槽。

■鮮乳容器的變遷

據説日本人是從飛鳥時代（592 至 710 年）開始喝鮮乳的。當時，只有權貴階級才能喝得起鮮乳。

到了江戶時代（1603 至 1867 年）末期，開始有人飼養乳牛，販賣鮮乳。

明治時代起（1868 至 1912 年），商人開始用大型鍍錫鐵罐盛裝鮮乳，論斤秤兩販售。直到 1902 至 1906 年，鮮乳改用玻璃瓶包裝。1928 年時，日本政府統一規定使用透明廣口瓶與紙蓋。

到了 1956 年，紙盒裝的鮮乳才進入市面。最初的紙盒包裝是三角椎狀，現在則以長方體為主。

砂糖

砂糖很甜，是因為製造原料中含有大量糖分。那麼，砂糖是由什麼所製成的呢？

砂糖的主要原料是甘蔗或糖用甜菜。首先，必須將這些原料榨汁，再將汁液熬煮成原料糖。汁液中含有蔗糖，這便是砂糖的成分。粗製糖含有許多雜質，因此必須由工廠精製，才能蛻變為乾淨的砂糖。

日本的砂糖，有三分之二是使用進口的原料糖（蔗糖），而其餘三分之一則是用北海道的甜菜與沖繩、鹿兒島的甘蔗精製而成。

砂糖的原料

▲ 甘蔗
禾本科植物，產地有熱帶、亞熱帶地區的中美洲、南美洲、亞洲及非洲，而日本主要產地為鹿兒島與沖繩。

▲ 糖用甜菜
根部含有糖分。主要生長於氣候清涼的地區，如法國、德國、美國、俄羅斯等。日本主要產地為北海道。

製造原料糖

1 榨汁

❶ 割下甘蔗葉。

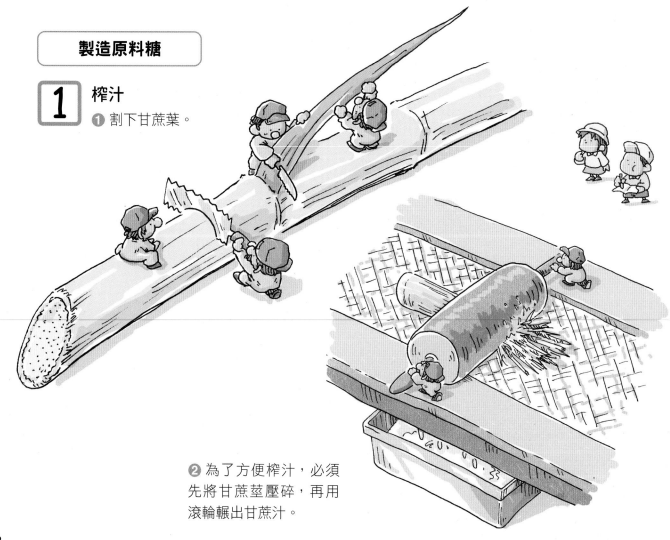

❷ 為了方便榨汁，必須先將甘蔗莖壓碎，再用滾輪輾出甘蔗汁。

2 去除雜質

❶ 將石灰水混入甘蔗汁中攪拌。雜質會與石灰結合，沉澱在底部。

❷ 透過濾網過濾雜質。

剔除的雜質幾乎都可以用來當燃料。

3 製成結晶

❶ 將甘蔗汁熬煮成糖漿，再藉由低溫使水分蒸發，便能製成蔗糖結晶與蔗糖蜜[*1]。

尸

砂糖

❷ 將 ❶ 的原料倒入離心分離機，萃取結晶。這麼一來，原料糖就完成了！

＊1 甜甜的黏液。

4 去除雜質

① 將蔗糖蜜倒入原料糖中攪拌，以溶解、去除附著在結晶表面的雜質。

② 用溫水溶解已去除雜質的原料糖，製造糖液。

5 再度去除雜質

① 將石灰加入糖液中，並灌入二氧化碳，使雜質沉澱在底部。

② 利用活性碳*² 過濾剩餘的雜質。

③ 在過濾的過程中，咖啡色的糖液會變得越來越透明。

■四千年的歷史

　　據說早在西元前 2000 年的印度，就已開始使用砂糖。

　　在最古老的佛經中，砂糖被視為一種藥物。而最古老的製糖方法（榨甘蔗汁煮成砂糖），據說也起源自印度。

　*2 活性碳是一種吸附性很強的碳物質。

6 製造砂糖結晶

❶ 用真空結晶罐使糖液中的水分蒸發，就能製出蔗糖的結晶與蜜。

▲ 從糖液中萃取結晶時，如果溫度太高，就會變成糖蜜或燒焦。水分在真空中能低溫沸騰，真空結晶罐就是利用此一特質，蒸發糖液中的水分。

❷ 將 ❶ 倒入離心分離機，萃取出砂糖的結晶，並進行乾燥處理。

7 裝袋

裝進袋子裡，大功告成！

● 五花八門的砂糖

砂糖分為「分蜜糖」與「含蜜糖」。日本的分蜜糖包括上白糖、細砂糖、三溫糖等等，是透過精製工程來分離結晶與蜜的高純度砂糖。當糖液轉化為結晶時，細砂糖最不需要額外程序，再來依序為上白糖、三溫糖。而含蜜糖，則是未透過精製工程將結晶與蜜分離的黑糖，含有豐富的礦物質。

細砂糖　　　上白糖

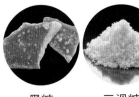

黑糖　　　三溫糖

食用油

食用油是以菜籽、大豆之類的植物種子或果實製成的，那麼，該如何從種子與果實榨出油呢？

絕大多數的植物種子與果實都含有油脂，而能做成食用油的，只有玉米、菜籽、大豆等部分植物。榨油的方法，主要有壓榨法跟萃取法兩種方式。

▼ 在工廠中運作的壓榨機。

1 榨油

含油量較高的原料會使用壓榨法，含油量較少的原料則使用萃取法。

什麼是壓榨法？

從含油量較高的原料（如菜籽）榨油的方法。

❶ 先用火炒加熱原料，以利於榨出油脂。

❷ 將加熱過的原料用榨油機榨出油脂。

什麼是萃取法？

從含油量較低的原料（如大豆）榨油的方法。

❶ 將原料搗碎、壓成薄片、加熱，再倒入溶劑[*1]裡。

▼ 能連續萃取油脂的連續萃取機。

❷ 倒進萃取機裡，萃取油脂。

*1 為了提升萃取大豆油脂的效率而加入的食品添加劑。

2 去除雜質

❶ 將 [1] 所萃取的油倒進離心分離機，以去除雜質。

❷ 將油過濾乾淨。

3 淨化色澤

藉由活性白土[*2] 來吸收暗沉的顏色，以淨化色澤。

▲ 尚未淨化顏色的油。　▲ 顏色變得乾淨清透的油

4 去除混濁物

冷卻後進行脫蠟[*3]，去除固體脂肪。這是為了使油品在低溫下維持品質，不至於渾濁或黯淡。

■讓廢油變成燃料

現代社會越來越重視環保，當前的趨勢是主張使用完畢的廢油不應直接丟棄，而是回收製成生質柴油、飼料、肥皂等等。生質柴油是指用大豆油、菜籽油等植物油所製成的燃料，主要用於柴油車（柴油車不適用汽油）。

▲ 負責從油脂中脫蠟的機器。

＊2 屬於一種黏土，用來為油脂脫色、去除雜質。

＊3 動物與植物的油脂中均含蠟，加熱後容易融化，也容易燃燒。

5 再淨化一次

將油倒進高溫、高真空的除臭塔，利用水蒸氣將前述製程無法消除的氣味清除乾淨。

6 加工

❶ 將油存放在含有氮氣的儲存槽裡。

❷ 裝進容器裡，大功告成！

●五花八門的食用油

麻油
原料：芝麻的種子
（含油量約 45 至 55%）

米糠油
原料：米糠
（含油量約 12 至 21%）

棕櫚油
原料：油棕的果實
（含油量約 45 至 50%）

大豆油
原料：大豆
（含油量約 16 至 22%）

玉米胚芽油
原料：玉米胚芽
（含油量約 40 至 55%）

葵花油
原料：向日葵的種子
（含油量約 28 至 47%）

菜籽油
原料：菜籽的種子
（含油量約 38 至 45%）

紅花籽油
原料：紅花的種子
（含油量約 25 至 40%）

橄欖油
原料：橄欖的果實
（含油量約 40 至 60%）

棉籽油
原料：棉花的種子
（含油量約 15 至 25%）

食鹽

食鹽來自於海水，那麼，該如何將海水變成食鹽呢？讓我們來看看古老的食鹽製造法吧！

日本四面環海，從古代便開始利用海水製造食鹽。現在我們日常生活中所使用的食鹽，多半是利用化學技術——離子交換膜電透析製鹽法，做法是將海水轉換成高濃度的鹽水，再用真空蒸發罐熬煮。

不過，現在有部分地區重新採用傳統的鹽田[*1]曬鹽法，利用蒸發方式產出富含礦物質[*2]的鹽巴。

離子交換膜電透析製鹽法

1 **過濾**
將海水舀起來過濾。

[*1] 將海水引入海邊所規劃的曬鹽區，使水分自然蒸發，以產出食鹽。　　[*2] 鈣、鐵等身體必備營養素。

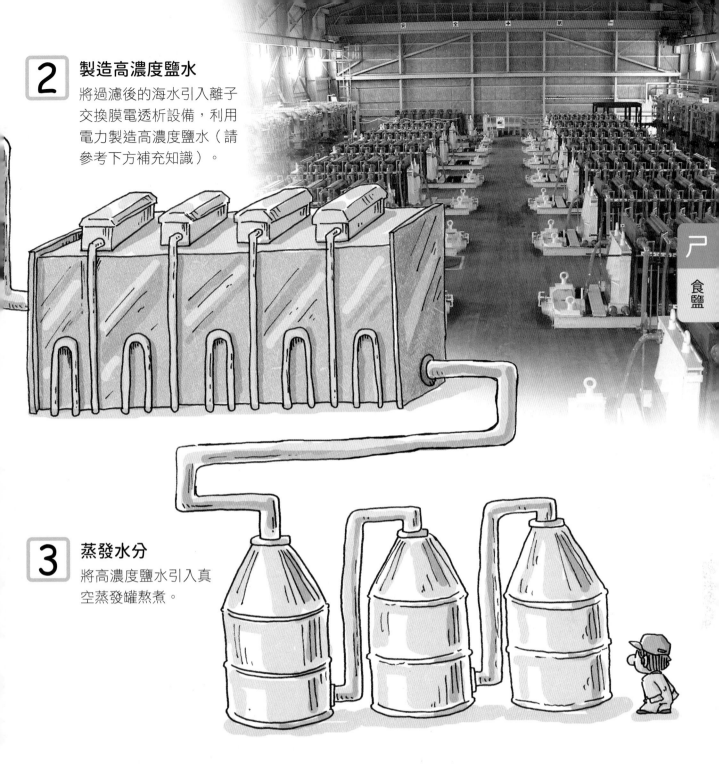

2 製造高濃度鹽水

將過濾後的海水引入離子交換膜電透析設備，利用電力製造高濃度鹽水（請參考下方補充知識）。

3 蒸發水分

將高濃度鹽水引入真空蒸發罐熬煮。

尸

食鹽

■離子交換膜電透析製鹽法的原理

　　海鹽的主要成分是氯化鈉，含有帶正電荷的鈉離子，以及帶有負電荷的氯離子。鹽廠會打造一個交互排列陰離子交換膜（只容許陰離子通過）與陽離子交換膜（只容許陽離子通過）的空間，引入海水通電。如此一來，鈉離子會流向陰極，氯離子會流向陽極；濃鹽水與淡鹽水各成一區，鹽廠人員就能取出濃鹽水了。

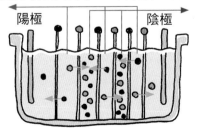

低濃度鹽水會倒回海中　　高濃度鹽水用來萃取鹽

陽極　　　　　　　　　陰極

● 氯離子（一）　　●━━ 陰離子交換膜
● 鈉離子（＋）　　●━━ 陽離子交換膜

4 分離・乾燥

① 藉由離心分離機去除鹵水[*3]。

② 進行乾燥處理，去除剩餘水分。

5 裝袋

裝進袋子裡，大功告成！

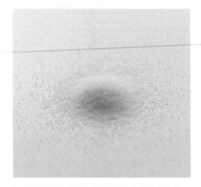

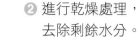
●五花八門的食鹽

食鹽大致上分成海鹽與岩鹽。海鹽的做法是先將海水的水分蒸發，形成高濃度海水，再藉由熬煮萃取鹽。

當海底變成陸地後，由於乾涸、沉積而變成鹽礦床，從礦床挖掘出來的鹽就是岩鹽。

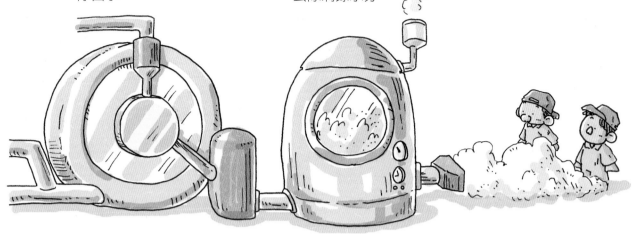

透過離子交換膜電透析法製成的食鹽（海鹽）。

取自於鹽田的自然海鹽（海鹽）。

從喜馬拉雅山麓取得的岩鹽。

＊3 主成分為氯化鎂與氯化鉀，一種含有鎂、鐵等礦物質的液體，嚐起來苦苦的。

傳統製鹽法

■揚濱式鹽田

傳承近 500 年歷史的製鹽法。

❶ 灑上海水。

沙子

厚度
3公分

黏土

❷ 使水分蒸發。

鹽結晶

尸

食鹽

❶ 用水桶將海水運到鹽田。

❷ 在鹽田灑上海水。

❸ 挖出田壟,以加速水分蒸發。

❹ 將含有鹽分(鹽結晶)的沙子裝
進箱子裡,再從上方倒入海水,
就能取出高濃度鹽水。

❺ 用大鍋子熬煮高濃度
鹽水,取出鹽結晶。

■入濱式鹽田

源自於江戶時代的製鹽法，已有
300 年以上歷史。

❶ 在靠近近海的淺灘處，設置大
型堤防。

❷ 在海灘挖出溝渠，利用海水漲
潮的特性，使海水自動流向沙
灘，形成鹽田。

❸ 沉積在鹽田溝渠內的海水，會
滲進鹽田的沙子裡。陽光與風
會帶走水分，使沙子充滿鹽分。

❹ 將帶有鹽分的沙子搬運到「沼
井」裡，再從上方倒入海水，
以製造濃鹽水。

❺ 用大鍋子熬煮濃鹽水，以取得
鹽結晶。

■日本的製鹽法

　　製造海鹽的方法有兩種，一種
是將海水引入鹽田的天日曬鹽法，一
種是藉由熬煮海水取得食鹽。由於日
本的氣候潮濕多雨，不適合天日曬鹽
法，因此自古以來，多是藉由熬煮海
水來製鹽。

■ 流下式鹽田

流行於 1950 年代至 1972 年的製鹽法。

① 在鹽田表面鋪設黏土，以製造緩坡。

② 用幫浦抽出海水，讓海水流向鹽田的緩坡。

③ 在海水緩緩流下的過程中，水分會因陽光照射而逐漸蒸發，形成高濃度鹽水。

④ 將竹子或小樹枝堆成高塔，再從上方潑灑高濃度鹽水。在鹽水往下流動的過程中，風會進一步帶走水分。

⑤ 用大鍋子熬煮高濃度鹽水，取得鹽結晶。

軟糖

軟糖這種零食，是用明膠將果汁凝固所製成的。軟糖的發源地是德國，而軟糖的日文「グミ」（GUMI），則是源自於德文「Gummi」。

軟糖發源於 1920 年的德國。當時德國缺乏耐咬的食物，因此才發明軟糖，主要是為了讓兒童鍛鍊咀嚼力。此後，軟糖便成為世界知名的零食之一。

1 製造糖漿

❶ 將明膠倒進水中溶解，加熱 15 分鐘（必須持續不斷攪拌），以製造明膠液。

▶ 溶解的明膠。

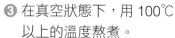

❷ 將砂糖與麥芽糖摻入明膠液中，以製造糖漿。

❸ 在真空狀態下，用 100℃以上的溫度熬煮。

■什麼是明膠？

明膠，是由牛骨跟豬骨中的大量膠原蛋白所製造而成的。膠原蛋白是構成動物組織的主要蛋白質，因此食用明膠有益身體健康。

明膠不只能用在食物上，也能用來製作相機底片、相紙、藥物膠囊、黏著劑等物品。

2 製造軟糖原液

將果汁、酸味劑、香料、色素倒入糖漿中攪拌，就成了軟糖的原液。

■軟糖的硬度

明膠的含量愈高，軟糖的硬度也愈高。

歐洲軟糖的明膠含量約為 30 至 40%，藉此讓消費者鍛鍊咀嚼力；而日本的軟糖則較為柔軟，明膠含量約為 20 至 30%。

◀德國製造的軟糖。

軟糖的原液

3 塑造形狀

❶ 將玉米粉（磨碎玉米
所製成的澱粉）倒在
拖盤上鋪平，以製造
模具底座。

❷ 將造型模具用力壓在玉米
粉上，壓出凹
槽，再倒入軟
糖的原液。

❸ 在軟糖原液上方再
鋪一層玉米粉，以
保持濕度。

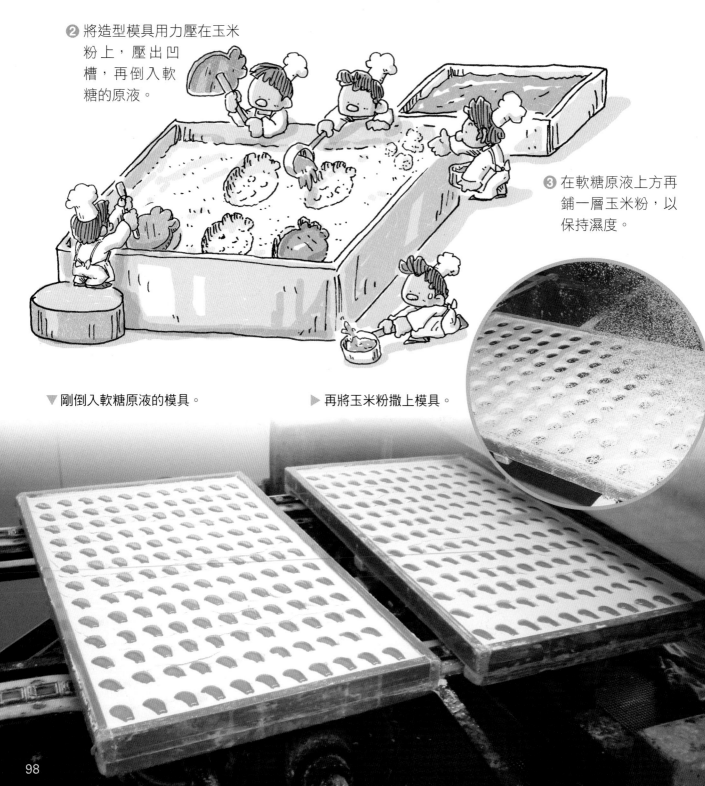

▼ 剛倒入軟糖原液的模具。　　　▶ 再將玉米粉撒上模具。

4 乾燥

將盤裡的軟糖靜置,冷卻乾燥 1 至 2
天。乾燥時間越長,軟糖會越硬。

5 加工

① 軟糖從模具取出。

② 在軟糖表面塗上油,
　 防止軟糖互黏。

6 裝袋

日本茶

「茶」有綠茶、紅茶、烏龍茶等三大類，日本的茶葉幾乎都是綠茶，因此日本茶＝綠茶。

綠茶、紅茶、烏龍茶都是以山茶科常綠樹的葉子製作而成，差別只在於茶葉發酵方式的不同。先讓茶葉萎凋、完全發酵，再施以乾燥處理的是紅茶；先讓茶葉萎凋，並在發酵途中（發酵到一半時）將茶葉倒進鍋爐裡停止發酵，施行乾燥處理的是烏龍茶；至於綠茶，則是略過萎凋的步驟，直接用蒸氣蒸過茶葉再行乾燥，屬於不發酵茶。

萎凋程序會使茶葉變成褐色，由於綠茶是採用蒸氣製造，因此能保留綠色。顏色翠綠的日本綠茶採用獨步全球的技術製造而成，是世界上獨一無二的綠茶。

1 蒸菁

將剛摘下的茶葉立即放入蒸菁機裡，以 100℃蒸 40 至 50 秒。蒸氣能破壞酵素活性，防止茶葉變色。

▼ 每年 4 月下旬至 10 月上旬，是日本的採茶季節，此時摘採的是鮮綠的新芽。1 公斤的茶葉，約能製造 200 公克的綠茶。

2 冷卻

茶葉蒸好後，以風吹涼茶葉，順便
去除茶葉表面的水分。

●各式各樣的日本茶

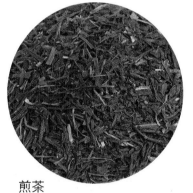

煎茶
採用經過充分日曬的茶葉，
為最常見的綠茶。

玉露
採用未經日光直射的茶葉，為最
高級的綠茶。

抹茶
採用與玉露相同的茶葉，但是未經
揉捻就施行乾燥處理，磨成粉末。

焙茶
用大火煮茶葉而製成的茶。

番茶
用變硬的茶葉或茶梗製成的茶。
據說原本叫「番外茶」、「晚
茶」，後來才演變為「番茶」。

玄米茶
將糙米加入番茶或煎茶製成的茶。
兩者份量比例為一比一。

3 揉捻

❶ 粗揉
用熱風吹烘已經冷卻的茶葉，一邊藉由粗揉使茶葉更加乾燥。

❷ 揉捻
在粗揉過的茶葉上施加外力、揉壓。

❸ 中揉
再度用熱風吹烘茶葉，輕輕搓揉，使之乾燥。

■綠茶也是中國茶？

據說茶源自於中國。中國茶種類繁多，依據製程不同而分成青茶、綠茶、黑茶、紅茶、黃茶、白茶等六大類，以上名稱皆來自於沖泡後的茶色。

中國的紅茶與綠茶分別在歐洲與日本發展出自己的一片天，而日本人常喝的烏龍茶，其實也是青茶的一種。

❹ 精揉
將茶葉揉成細長的直條狀，此時製成的茶稱為「毛茶」。

4 乾燥

將毛茶送入乾燥機，進一步將毛茶的水分降到 5% 左右。

5 篩分

毛茶的茶葉大小並不均等，無法當成商品銷售，因此必須使用不同尺寸的篩孔來篩檢茶葉、茶梗、茶粉，按照形狀大小來分門別類。此製程可區分出玉露、煎茶、芽茶、莖茶及茶粉。

6 引出香味

依照茶葉形狀分類完畢後，再度進行乾燥，引出茶葉獨有的香氣與風味。這樣就可以了，綠茶已大功告成，準備包裝出貨囉！

篩孔較寬的茶篩

篩孔較小的茶篩

醋

「醋」跟「酒」的部首都是「酉」，而酒確實可以釀成醋！那麼，酒是怎麼變成醋的呢？

將米或水果製成的酒進一步發酵[*1]，即可變成醋。日本的醋有一半是以米製成的穀物醋，其他則有果醋等不同類型。一般而言，是透過「種醋」讓酒發酵，不過也有另一種方法，是讓醋酸菌[*2]這種微生物從空氣中自然進入酒裡，以促進發酵。

1 釀酒

❶ 在蒸過的米當中添加麴菌（→ P.62），即可製成米麴。米麴能將米粒中的澱粉轉化為糖分。

❷ 在事先裝滿水的容器裡加入米麴，然後混入酵母[*3]，糖分就會轉化成酒精（酒）。

2 轉化成醋

❶ 在釀好的酒裡面添加「種醋」，然後加熱。

❷ 將酒放在發酵室裡，以 30 至 35℃ 的溫度靜置 1 個月。醋酸菌會將酒精轉化成醋酸，酒也就慢慢變成醋了。

＊1 微生物分解有機化合物，因而產生酒精、有機酸、二氧化碳的過程。
＊2 促進醋酸發酵的細菌。
＊3 促進酒精發酵的菌類。

3 靜置

將發酵完畢的醋靜置 1 個月，等待熟成。如此一來，醋的刺鼻酸味就會變得較為柔和。

4 加工

此時醋液下方會有沉澱物，取上方的清澈醋液再度過濾，然後用 70℃ 左右的溫度殺菌，以避免持續發酵。完成後裝瓶。

▼ 將發酵完成的醋靜置在大型儲存槽裡，以緩和氣味。

▲ 圖中是殺菌後逐一裝瓶的醋。

■ 全世界有各種不同的醋

任何有糖分的食材，都可以釀成醋。世界各地的不同環境氣候，各自培育出不同的農作物，因此也釀出五花八門的醋。

說到穀物醋，有韓國的麥醋、英國的麥芽醋；果醋有葡萄酒醋、蘋果醋；用蜂蜜製成的蜂蜜醋；用牛乳的「乳清」（→ P.70）做成的乳清醋等等，種類繁多，令人目不暇給。

洋芋片

發源於美國的洋芋片，是最具代表性的零食*。洋芋片的美味祕訣，就在於炸得酥脆的口感！

洋芋片的原料是馬鈴薯。日本主要使用 TOYOSHIRO、WASESHIRO 等加工用的馬鈴薯品種來製造洋芋片，而非餐桌上常見的「男爵馬鈴薯」。這些馬鈴薯體積大、甜度低，適合專門種來製造洋芋片。工廠將整顆馬鈴薯變成包裝完成的洋芋片，只要花費短短的 15 至 20 分鐘呢！

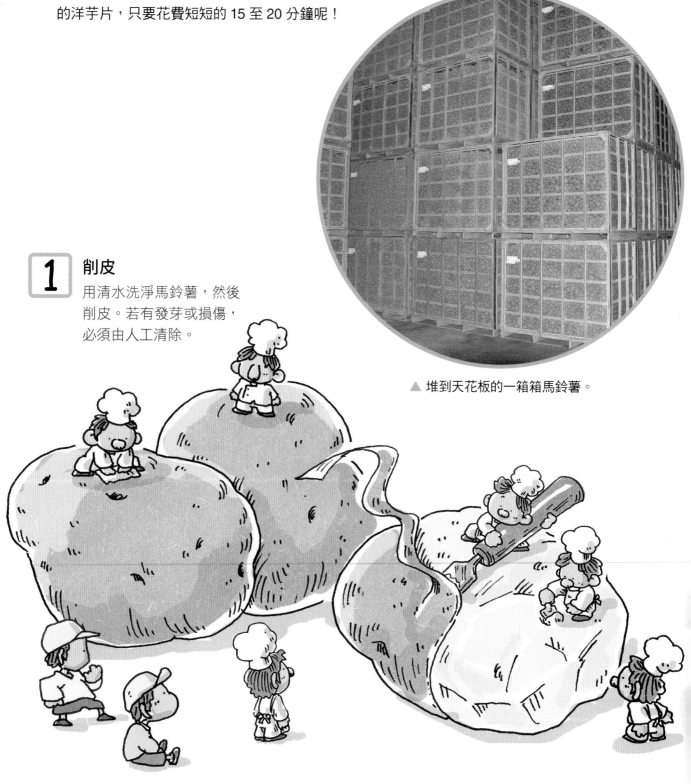

1 削皮

用清水洗淨馬鈴薯，然後削皮。若有發芽或損傷，必須由人工清除。

▲ 堆到天花板的一箱箱馬鈴薯。

＊以馬鈴薯或穀物為主要原料的點心，食用方便，多半經過油炸。

2 切片

❶ 將馬鈴薯切成薄片。

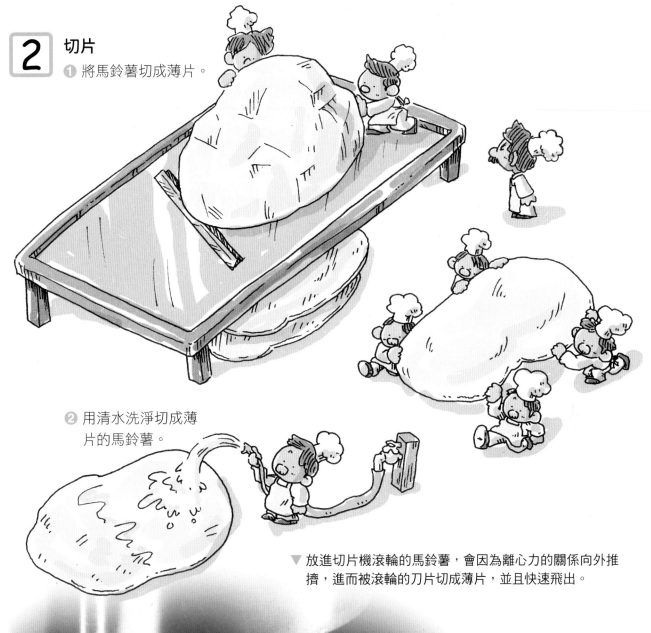

❷ 用清水洗淨切成薄片的馬鈴薯。

▼ 放進切片機滾輪的馬鈴薯,會因為離心力的關係向外推擠,進而被滾輪的刀片切成薄片,並且快速飛出。

■ 洋芋片誕生的祕密

1800 年代的某一天,美國某家餐廳的顧客向廚師抱怨薯條:「你們的薯條太粗了!」於是廚師將馬鈴薯切成薄片油炸後端上餐桌,顧客吃了讚不絕口。餐廳將這道料理加進菜單,日後便成為大家所熟知的洋芋片。

3 油炸

❶ 去除馬鈴薯的水分。

❷ 將馬鈴薯油炸成金黃色。

▲ 工作人員將切成薄片的馬鈴薯倒進油鍋中。

❸ 去除焦黑或偏紅的洋芋片。

▶ 焦黑洋芋片只能仰賴肉眼分辨,無法由機器代勞。

4 調味

加入鹽巴或
高湯粉來調味。

5 裝袋

仔細秤重，將洋芋片
裝入袋中。

■一包洋芋片裡有幾顆馬鈴薯？

　　菜市場所販賣的馬鈴薯，1 顆大約
100 至 150 公克。馬鈴薯有 80% 是水分，
油炸後水分蒸發，100 公克的馬鈴薯大約
只剩 20 公克。因此，1 包洋芋片（約 60
至 80 公克）需用到 3 至 4 顆馬鈴薯。

味噌

味噌是日本的代表性發酵食品，由大豆、麴、鹽巴混合製成。日本全國各地都有遵循古法製成的特產味噌。

味噌的主要原料是大豆。將以麴菌（→ P.62）製成的麴及鹽巴加進磨碎的大豆中，再經過發酵、熟成，就能製成味噌。不同種類的麴能做成米味噌、麥味噌、豆味噌等三種不同味噌（→ P.113），接下來，我們一起來看看米味噌的製造過程吧！

1 準備大豆

❶ 將大豆泡水，泡到膨脹。

❷ 將膨脹的大豆煮熟或蒸熟。

❸ 將軟化的大豆搗碎後冷卻。

▼ 蒸軟或煮軟的大豆，會放進電動絞碎機裡絞碎。

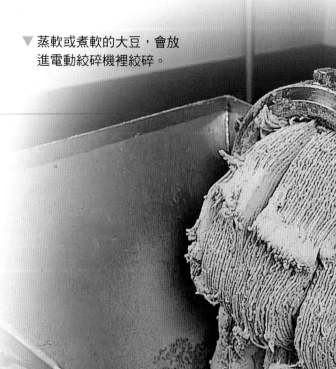

110

2 製造米麴

❶ 將米泡水後蒸熟。

❷ 將蒸好的米飯冷卻，加入麴菌。

❸ 靜置 40 小時，
以利麴菌繁殖。

3 加工

將磨碎的大豆、米麴
與食鹽倒進大桶子裡
攪拌。

味噌

4 發酵、熟成

❶ 送進發酵室，
等待數個月
到1年的時
間熟成。

❷ 發酵過程中須將味噌從大容器移
到小容器裡，透過翻面使兩面均
勻發酵，而且還
能適量混入氧
氣，促進熟成。
這道程序必須
反覆數次。

儲存槽裡的味噌，在恆溫的發酵室裡靜待熟成。

■ 什麼是「手前味噌」？

日文的「手前味噌」，意思是自
賣自誇。從前家家戶戶都會做味噌，
每個家庭都認為自己做的最好吃，因
此衍生出這句話。反過來說，如果不
小心出糗，就可以說「抹味噌」。

日本從以前就認為味噌能治燙
傷，因此抹味噌的人，就是不小心燙
傷（出糗）的人。

5 包裝

等顏色變得恰到好處，就能停止發酵，裝進袋中，大功告成！

日本各地的不同味噌

北海道味噌
（中辣，紅色）

秋田味噌
（辛辣，紅色）

越後味噌
（辛辣，紅色）

加賀味噌
（辛辣，紅色）

府中味噌 讚岐味噌
（偏甜，白色）（偏甜，白色）

津輕味噌
（辛辣，紅色）

仙台味噌
（辛辣，紅色）

會津味噌
（辛辣，紅色）

信州味噌
（辛辣，淺色）

關西白味噌
（偏甜，白色）

御膳味噌
（偏甜，紅色）

九州麥味噌
（偏甜，白色）

●味噌的種類

依照麴的原料分類：
米味噌：大豆＋米麴＋食鹽
麥味噌：大豆＋麥麴＋食鹽
豆味噌：大豆麴＋食鹽

■ 米味噌　■ 麥味噌
□ 豆味噌

依照味道分類：
甜度最高的是甜味噌，接著是偏甜味噌、辛辣味噌。鹽巴的多寡也會產生影響，但基本上麴含量比大豆高的話會偏甜，含麴量越高越甜。

依照顏色分類：
總共三種，分別為紅味噌、淺色味噌與白味噌。紅味噌是將蒸熟的大豆長時間發酵而成，而白味噌則是用水煮大豆短時間熟成所製成。

魚漿食品

魚漿食品是將魚肉絞成漿後，製作成型的食品。依據加熱方式的不同，可以做成各式各樣的產品。

魚漿食品是日本傳統的加工品。將魚肉加上鹽巴絞成漿，接著加熱塑型。將魚肉絞成漿後即稱為魚漿，而各種魚都能做成魚漿；日本主要採用鰻魚、白姑魚、飛魚、竹莢魚、沙丁魚，而冷凍魚漿則以阿拉斯加鱈魚（黃線狹鱈）為大宗。在魚漿中添加鹽巴、調味料後塑型，接著藉由蒸、烤、煮、炸等方法加熱，就能製成形狀、口感、味道各不相同的魚漿食品。

1 製造魚漿

❶ 切掉魚頭，清除內臟。清洗完畢後放入採肉機，使魚肉、魚刺、魚骨分離。

❷ 將魚肉放進機器裡，絞成漿狀。魚漿大功告成！

2 調味

❶ 將食鹽與調味料加進魚漿中。

❷ 仔細磨碎。

▼將魚肉絞碎成漿的機器。

❸ 如此一來，魚漿就調味完畢囉！

爲什麼魚漿食品吃起來 QQ 的？

　　將魚肉絞碎後會破壞魚肉細胞，產生肉汁。肉汁裡含有鹽溶性肌凝蛋白，加鹽後會產生黏性，有助於魚漿塑型，加熱後就能製成具有彈性、口感 Q 彈的魚漿食品了。

製造魚漿食品

甜不辣

❷ 油炸。

❶ 將調味後的魚漿擀平、塑型。

❸ 包裝完畢，
大功告成。

鱈魚豆腐

① 將野山藥與蛋白加入魚漿中攪拌，攪拌時要
刻意拌入空氣，邊攪拌邊用食鹽與砂糖調味。

② 將形狀擀平或做成圓形。

③ 水煮。

④ 包裝完畢，
大功告成。

◀ 這臺機器叫自動油炸機，能自
動油炸擀平之後的魚漿食品。

117

竹輪

① 在魚漿中加入食鹽與砂糖拌勻。

② 將魚漿裹上棍棒。

③ 烤成焦糖色。

④ 包裝完畢，
大功告成。

▼ 在烤爐上方轉動烘烤的竹輪。

▼ 烤好後即由機器自動拔出棍棒。

魚板

① 製造紅色魚板時，會在調味魚漿中添加食用色素[*]。

② 放在木墊上塑型。

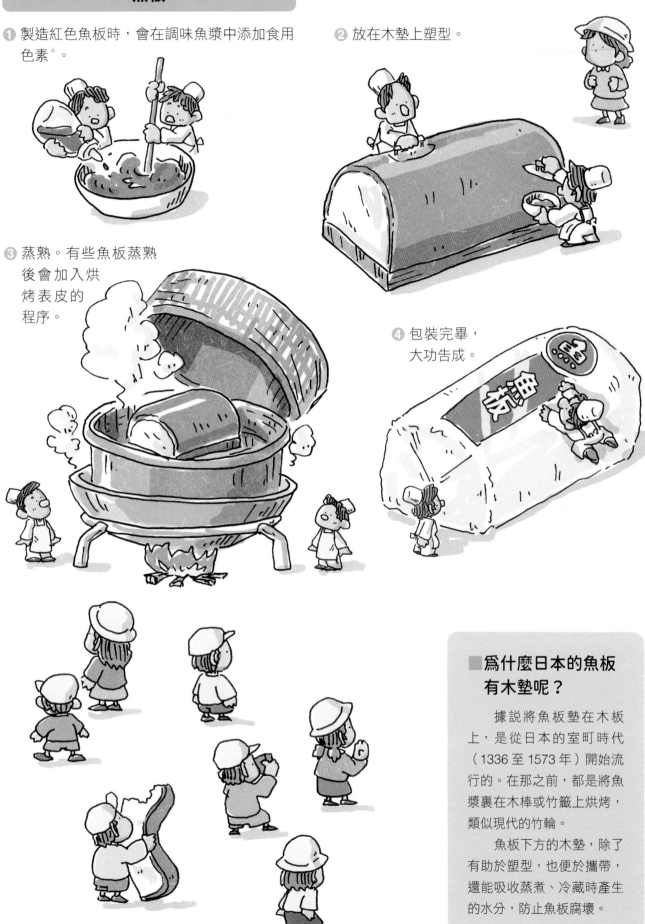

③ 蒸熟。有些魚板蒸熟後會加入烘烤表皮的程序。

④ 包裝完畢，大功告成。

■為什麼日本的魚板有木墊呢？

據說將魚板墊在木板上，是從日本的室町時代（1336 至 1573 年）開始流行的。在那之前，都是將魚漿裹在木棒或竹籤上烘烤，類似現代的竹輪。

魚板下方的木墊，除了有助於塑型，也便於攜帶，還能吸收蒸煮、冷藏時產生的水分，防止魚板腐壞。

＊食用色素：為食品著色的可食色素。

同場加映：食品的前世今生

五花八門的大豆製品

大豆可以製成各種食品，而且種植簡單、營養豐富。從前的人費盡心思，創造出許多將大豆變得更好吃的方法。

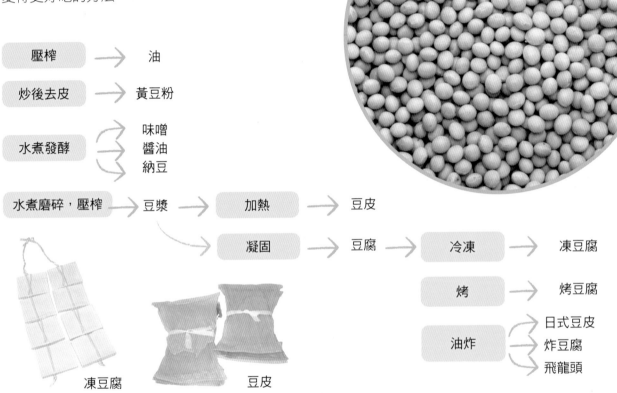

壓榨 → 油

炒後去皮 → 黃豆粉

水煮發酵 → 味噌 / 醬油 / 納豆

水煮磨碎，壓榨 → 豆漿 → 加熱 → 豆皮

豆漿 → 凝固 → 豆腐 → 冷凍 → 凍豆腐

烤 → 烤豆腐

油炸 → 日式豆皮 / 炸豆腐 / 飛龍頭

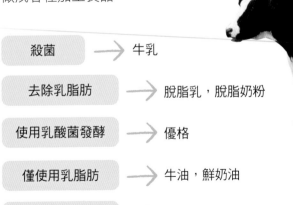

凍豆腐　　　　豆皮

五花八門的生乳製品

剛擠好的牛乳稱為生乳，生乳可以做成各種加工食品。

殺菌 → 牛乳

去除乳脂肪 → 脫脂乳，脫脂奶粉

使用乳酸菌發酵 → 優格

僅使用乳脂肪 → 牛油，鮮奶油

使蛋白質凝固 → 起司

五花八門的發酵食品

利用微生物的特性所製造的食品，即為發酵食品。右表為常見的發酵食品，以及用來發酵的微生物。

▲ 將麴菌混入原料，以製造醬油麴。

保存的智慧

食品的主要保存方式為乾燥、鹽漬、泡醋，可謂種類繁多。

保存的基本原理為去除水分後利用具有殺菌效果的物質，或是真空密封。多虧五花八門的保存祕方，我們才能毫不浪費的吃光所有食材。

技術日新月異的保存方式與容器

杯麵、罐頭、殺菌軟袋包裝食品、冷凍食品、冷凍乾燥加工食品……現代有許多食品只須簡單調理就能食用，而且還能長久保存。技術的進步日新月異，這年頭甚至還有太空食品。

食品	材料	主要的微生物
味噌	大豆、米	麴菌、酵母、乳酸菌
醬油	大豆、米	麴菌、酵母、乳酸菌
醋	米	麴菌、酵母、乳酸菌
納豆	大豆	納豆菌
起司	乳	乳酸菌、黴菌
優格	乳	乳酸菌
麵包	小麥	酵母
啤酒	大麥	酵母

主要保存方式	主要食品
使用砂糖	果醬、橘子醬等
使用食鹽	火腿、香腸、梅干、日式泡菜等
使用醋	醬菜、醋漬蔬菜等
使用油	油漬沙丁魚等
乾燥	海帶芽、凍豆腐等
煙燻	煙燻鮭魚、火腿、香腸等
發酵	起司、納豆等
冷凍	冷凍食品等

※ 許多食品會同時使用多種保存方式。

太空咖哩

好侍食品集團與宇宙航空研究開發機構（JAXA）共同研發出這款太空咖哩。由於咖哩醬在無重力空間容易飛濺出來，因此這款咖哩加強了黏稠度。

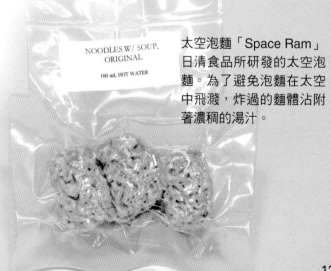

太空泡麵「Space Ram」日清食品所研發的太空泡麵。為了避免泡麵在太空中飛濺，炸過的麵體沾附著濃稠的湯汁。

五花八門的食品添加物

食品添加物主要用於右列的 3 個目的。以下為主要的食品添加物。

❶ 使食品更容易製造、加工。
❷ 增添食品的滋味或顏色。
❸ 使食品維持品質。

種類	用途
甜味劑	為食品增添甜味。
人工色素	將食品著色，調整食品色澤。
防腐劑	使食品利於保存，預防黴菌與細菌孳生，防止食物中毒。
增稠劑、安定劑、凝膠劑、糊料	為食品增添柔滑感或黏稠感，防止食品分離，提高穩定性。
抗氧化劑	防止油脂氧化，以利食品保存。
保色劑	改善食品色澤。
漂白劑	漂白食品，使食品變得雪白。
防黴劑	防止柑橘類食品發黴。
香料	為食品增添香氣。
酸味劑	為食品增添酸味。
調味料	為食品增添鮮味，調整滋味。
豆腐凝固劑	幫助豆腐塑型。
鹼水	增添油麵的口感與風味。
膨鬆劑	使蛋糕類食品膨脹鬆軟。
營養添加劑	強化維他命、鈣質等營養成分。

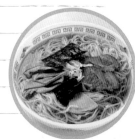

從營養標示了解原料與產地

日本政府規定罐頭、冷凍食品、泡麵、果汁飲料等加工食品必須標示原料、保存方式與產地。看了營養標示，就能明白該食品使用了哪些材料。

名稱
名稱必須清楚載明內容物。

成分
依含量多寡排序，順位越前面含量越高。若有食品添加劑，會列在原料後方。

保存方法
標示出最適合該食品的保存方法。

消費期限[*1] 或最佳賞味期[*2]
日本政府規定魚、肉、便當、豆腐等容易腐壞的食品，必須標示消費期限；而冷凍食品、果醬、罐頭等較能長期保存的食品，則須標示最佳賞味期。

進口商
製作營養標示的公司名稱與地址。

原產地
進口食品須標示原產地。

＊1 從製造日算起的 5 天內。　＊2 在此期限內吃完最好吃。

Part 2

日常用品

棒球手套

棒球手套是由各部件組裝而成的，為了接住強勁的棒球，手套的細節可是下了不少功夫呢。

棒球手套的材質為牛皮或人工皮。如下圖所示，1 個棒球手套含有 30 個以上的部件，1 頭牛的牛皮頂多只能做出 5 個棒球手套。棒球手套是由兩層手套縫製而成，而且內側跟外側分開製作，最後才組裝成 1 個手套。

1 製造紙型

設計出棒球手套整體形狀後，再做出每個部件的紙型。

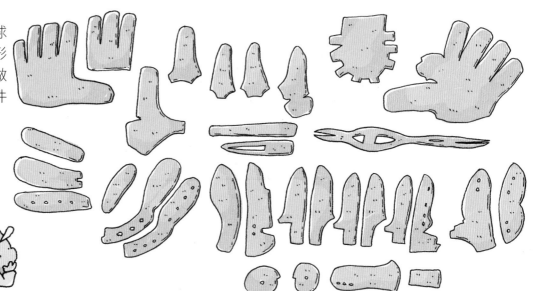

2 裁切皮革

❶ 照著紙型製造模具，再沿著模具裁切皮革。

❷ 藉由機器使皮革厚度均等。

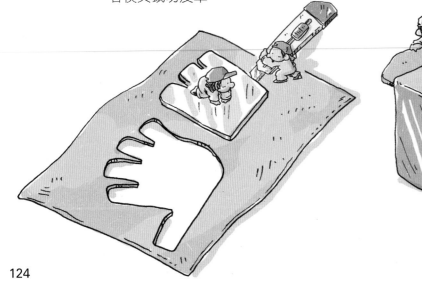

3 烙印

印上產品或品牌名稱。

4 縫製外側手套

① 將外側手套的皮革由外向內翻，再手工縫製。

② 用滾輪壓平縫線。

滾輪 ‧‧‧‧‧‧‧

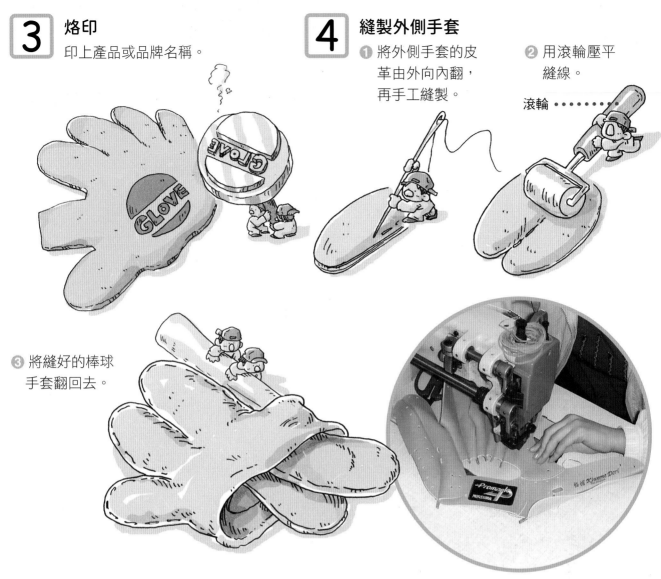

③ 將縫好的棒球手套翻回去。

▲ 工廠都是以縫紉機執行縫紉程序。

④ 使用特殊熨斗與鐵鎚調整指尖的形狀，外側手套即大功告成。

▲ 熨斗的形狀就像大型手指。

5 縫製內側手套

❶ 縫製裝在內側的手套。

❷ 手掌這側的食指、中指、無名指
皆會縫上毛氈，以保護手指。

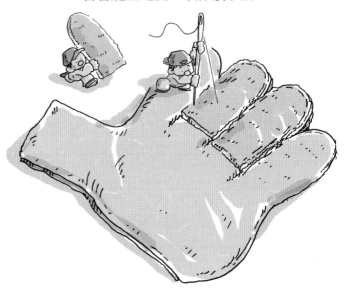

6 組合外側與內側手套

❶ 在內側手套塗抹接著劑，再將外側
手套覆蓋上去，調整形狀。

❷ 在邊緣縫上皮革，以補強、修飾
邊緣。

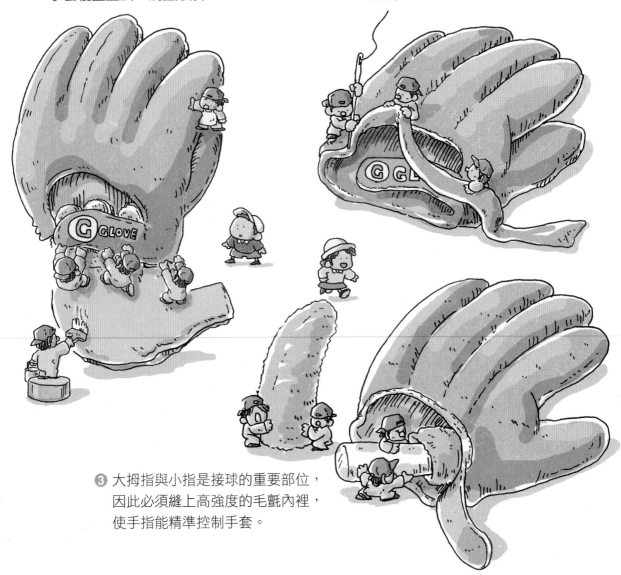

❸ 大拇指與小指是接球的重要部位，
因此必須縫上高強度的毛氈內裡，
使手指能精準控制手套。

7 加工

❶ 在內、外側手套間塗抹潤滑油，以減少接球時的摩擦力，保護皮革。

❷ 裝上皮繩，固定手指的部位。

❸ 用鐵鎚敲打棒球手套的掌心，調整出易於接球的形狀。

▲ 皮繩比手套的皮革更堅固。穿繩的程序非常重要，皮繩的鬆緊度，可是攸關手套的品質好壞呢！

❹ 以木棒反覆敲擊手套掌心，使手套變得更好戴。

❺ 大功告成！

保鮮膜與鋁箔紙

保鮮膜與鋁箔紙都是非常薄的薄膜，究竟該怎麼做，才能變得如此輕薄呢？

保鮮膜（食品用保鮮膜）是以塑膠製成的薄膜，由於水分與氣體無法穿透塑膠，因此能防止食物變質，維持水分與香氣，有利食物保鮮。不僅如此，保鮮膜也可耐熱，能放在微波爐中加熱。至於鋁箔紙，則是將鋁壓薄延展製成，鋁的最大特徵就是導熱性佳（鐵的 3 倍），而且鋁箔紙也跟保鮮膜一樣能防止水分與氣體穿透，因此適合用來包裹不適合接觸濕氣與氧氣的食品。

保鮮膜

1 製造塑膠薄膜

❶ 將塑膠原料放進爐子裡加熱熔化。

❷ 將液態原料從圓形金屬口擠出來，同時趁著塑膠溫熱時灌入空氣，使其膨脹得有如氣球。這項步驟能使原料均勻延展，以製造出強韌的保鮮膜。

❸ 用兩個滾輪夾住膨脹的塑膠薄膜，再將其拉出，接著將兩層相疊的薄膜捲起來。

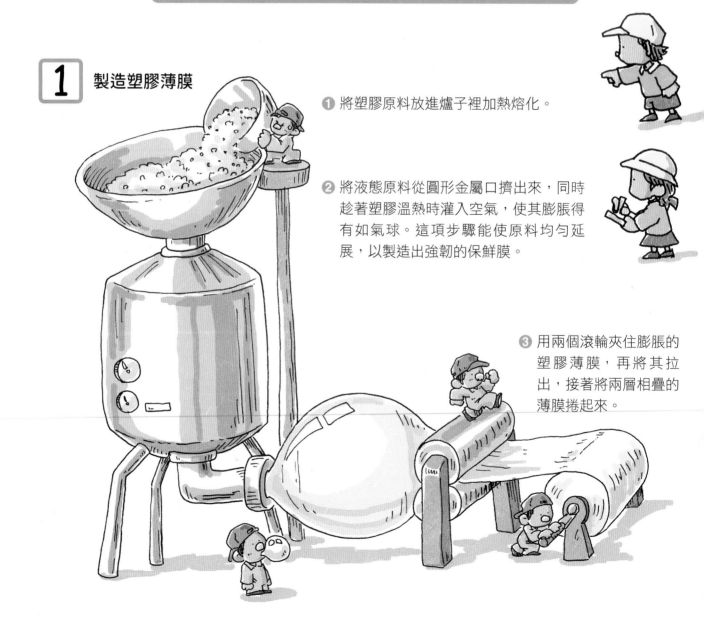

2 重捲

切開兩層相疊的薄膜兩側，
接著用兩個滾輪分別捲起兩
層薄膜。

切開這裡

3 包裝

將捲成適當長度的保
鮮膜放進裝有鋸齒的
紙盒裡。

■保鮮膜的歷史

　　保鮮膜誕生於 20 世紀前
半的美國，當時並非用來包
裹食材，而是用來避免槍彈
火藥受潮損壞。

　　戰爭結束後，化學廠的
技術人員用這種薄膜包裹萵
苣帶去野餐，意外發現萵苣
竟然能維持鮮嫩，於是大受
啟發，在 1955 年正式開始量
產食品用保鮮膜。

　　1960 年，日本也引進了
保鮮膜，隨著冰箱與微波爐
的普及，保鮮膜也變成生活
中不可或缺的廚房用品之一。

鋁箔紙

1 將鋁板壓薄延展

❶ 用滾輪碾壓薄鋁板。

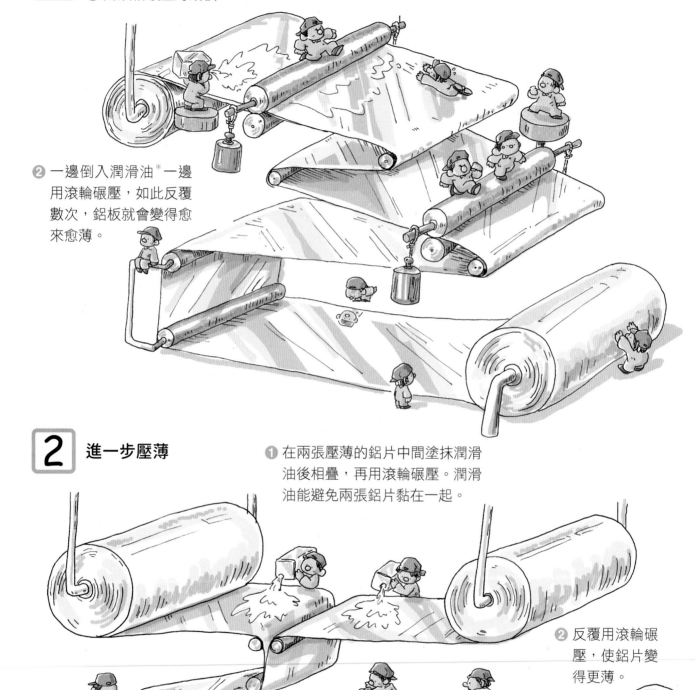

❷ 一邊倒入潤滑油*一邊
用滾輪碾壓,如此反覆
數次,鋁板就會變得愈
來愈薄。

2 進一步壓薄

❶ 在兩張壓薄的鋁片中間塗抹潤滑
油後相疊,再用滾輪碾壓。潤滑
油能避免兩張鋁片黏在一起。

❷ 反覆用滾輪碾
壓,使鋁片變
得更薄。

▲ 兩張鋁片相疊,能使它更易於壓薄。

130　*潤滑油能減少兩個固體之間的摩擦力,使固體移動順暢。

3 重捲

再度將兩張相疊的鋁片分開，
分別捲起。

■鋁箔紙兩面的差異

鋁箔紙兩面的光澤不同，是因
為在製作過程中使用滾輪碾壓。滾
輪是比鋁更堅硬的金屬，因此鋁接
觸到滾輪的那一面會被壓平，進而
能反射光線，看起來是亮面；反之，
與鋁片相疊的那一面沒有接觸到滾
輪，在光線下會產生漫射，因此看
起來是霧面。

4 加熱

將捲好的鋁片加熱。
加熱能提升鋁的強韌
度，並使塗在表面的
油蒸發。

5 修飾

❶ 切成適當的長度後捲起來。　　　❷ 裝進紙盒、闔上蓋子，大功告成！

白熾燈泡

電流通過金屬線時，金屬線會因電阻[1]而發光，這就是燈泡發亮的原理。

燈泡種類繁多，過去傳統使用的燈泡多是白熾燈泡。玻璃球裡有一種叫做鎢絲的金屬線，電流通過鎢絲就會發光，這就是白熾燈泡的原理。

鎢絲是由金屬「鎢」所製成，特色是會發出溫暖的光。但為了發光而產生的熱能，在長時間使用時會讓溫度升高。此外，白熾燈泡也比較耗電，所以最近比較少廠商製造此種燈泡了。

玻璃球

1 製造底座

❶ 加熱玻璃管的前端。

❷ 將受熱處展開。

▶ 過去常用於室內照明與手電筒的白熾燈泡。

❸ 裁切成適當長度。

＊1 電流在移動中所受到的阻力。

鎢絲

導線

氣體

燈頭

❹ 在玻璃管中插入兩根可使鎢絲通電的導線[*2]，以及用來抽掉玻璃球內部空氣的玻璃排氣管。

❺ 將玻璃管加熱熔化，以固定導線與排氣管，製造底座。

2 裝上鎢絲

❶ 將兩條鎢絲捲成彈簧狀，就成了燈泡所需的鎢絲了。

❷ 折彎導線前端，裝上鎢絲。

■日本的竹子也可以變成燈絲！

　　燈泡的發明者是美國的發明大王湯瑪斯・愛迪生，當時他想出的燈泡構造與現在的白熾燈泡差不多，卻遲遲找不到適當的燈絲材料。

　　愛迪生嘗試過紙、布等各種材料，卻都不耐熱，很容易遇熱燃燒。

　　最後，他找到了日本的竹子。竹炭所製造的燈絲順利的延長了燈泡的照明時間，這種燈泡在世界上流通了 12 年之久，直到鎢絲燈泡出現為止。

▲ 用竹子製成燈絲的白熾燈泡。

＊2 促使電流流通的線。

3 製造玻璃球

❶ 將熔化的玻璃裝
　在鐵管前端。

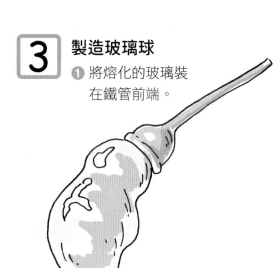

❷ 一邊轉動一邊吹入空氣，以製造玻璃球。

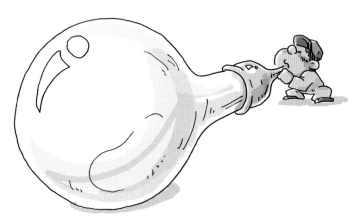

❸ 將玻璃球套入已裝好鎢
　絲的底座。

❹ 藉由加熱固定底座。

❺ 空氣中的氧會使鎢絲燃燒，因
　此必須抽出玻璃球裡的空氣。

❻ 100 瓦燈泡的鎢絲
　溫度高達 3300℃，
　因此必須注入特殊
　氣體，以避免燃燒。

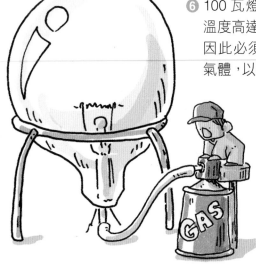

❼ 切斷排氣管，藉
　由加熱封口。

4 組裝

用接著劑將玻璃球與燈座黏合，大功告成！

▲ 機器正在將玻璃球套入已裝上鎢絲的底座。

▲ 這是負責組裝玻璃球與燈頭的機器。

■燈泡的未來演變

　　白熾燈泡很耗電，因此人們追求的是更省電的燈泡。

　　日光燈比白熾燈泡省電，照明範圍更廣、更耐用，因此廣受歡迎。後來，也出現了能用在白熾燈泡專用燈具的燈泡型日光燈。

　　現在最受矚目的新型照明器具，則是 LED 燈泡。從前，LED 燈泡多半用在電子布告欄、燈光秀、家電的指示燈等等，最近也開始進入家庭照明的領域了。LED 燈泡耗電量[*3] 低、耐用、而且不會發熱，因此相當受到消費者喜愛。

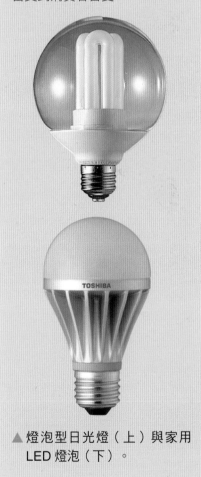

▲ 燈泡型日光燈（上）與家用 LED 燈泡（下）。

＊3 消耗的電量。

面紙

從紙盒裡抽出一張面紙之後，就能連續不斷抽出面紙。
面紙的構造究竟有什麼奧祕呢？

面紙原本是專為化妝所設計的紙張，既然會接觸臉部，觸感就必須柔軟，因此輕薄相當重要。然而，薄紙也容易破，因此必須兩張面紙相疊以增加強韌度。工廠機器會將 200 組（1 組 2 張）面紙折成〈字型，再將折成〈字型的面紙交錯相疊，如此一來，就能連續不斷抽出面紙了。

1 製造紙漿*

❶ 將切碎的木材放在大鍋裡熬煮。

❷ 將煮好的褐色紙漿漂白。

2 製造原紙

❶ 將水與紙漿倒進類似大型洗衣機的機器裡。

*從樹木或其他植物所萃取的纖維，為紙的主要原料。不同木材所製造的紙漿，特徵也各不相同，因此造紙時多半混用多種紙漿。

面紙與衛生紙的差異

　　面紙必須堅韌不易破，因此紙漿的原料多半為纖維長而強韌的針葉樹，而且會用藥劑使纖維緊密結合，使面紙不易溶在水中。

　　衛生紙也是輕薄柔軟的紙，但為了使它在馬桶裡面易溶易沖，在製程中不會使用上述的藥劑，而且紙漿原料多半為纖維較短的闊葉樹。

▲ 以時速 80 公里的速度捲起面紙。

●‧‧‧‧‧‧ ② 這裡負責攪拌紙漿跟水。

●‧‧‧‧‧‧ ③ 將溶化的紙漿鋪在網子上，以過濾水分，使纖維平坦一致。

④ 以滾輪用力碾壓薄片狀的紙，再度去除水分。

⑤ 將潮濕的紙放在以蒸氣加熱過的金屬圓筒上，加熱乾燥。

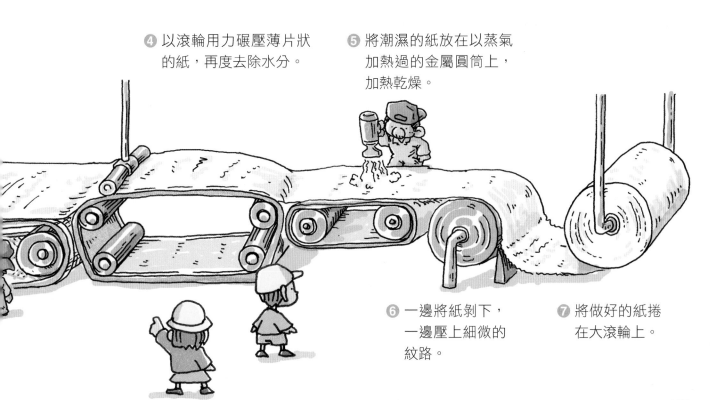

⑥ 一邊將紙剝下，一邊壓上細微的紋路。

⑦ 將做好的紙捲在大滾輪上。

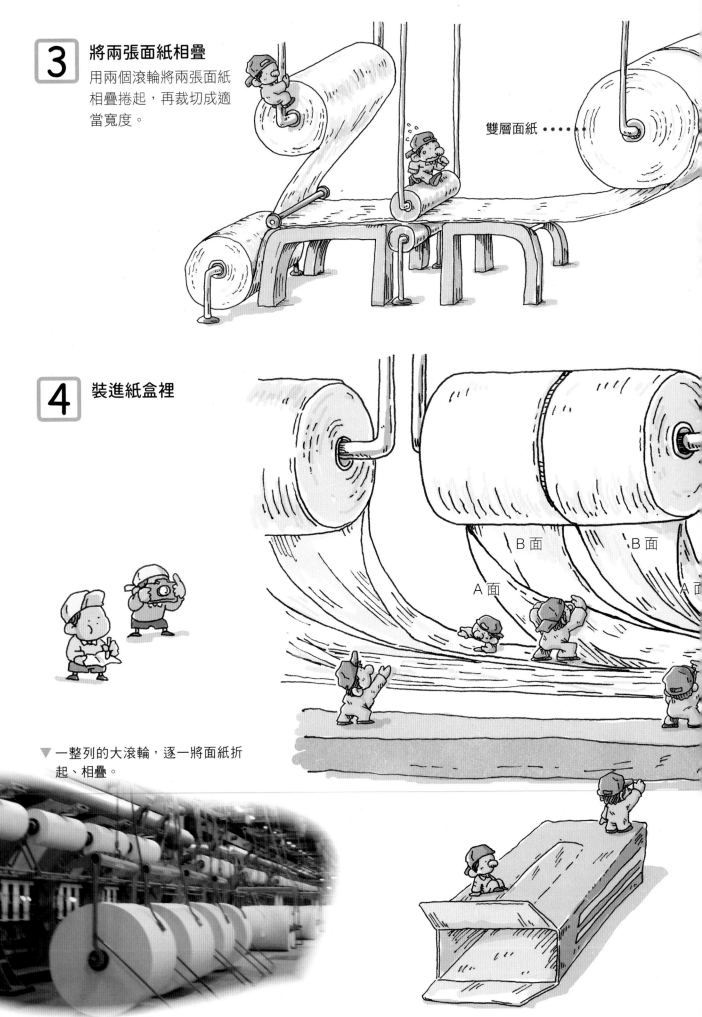

3 將兩張面紙相疊

用兩個滾輪將兩張面紙相疊捲起，再裁切成適當寬度。

雙層面紙 ‥‥‥‥

4 裝進紙盒裡

B面　　　　B面

A面　　　　A面

▼ 一整列的大滾輪，逐一將面紙折起、相疊。

▲ 利用圓形旋轉刀將折好的面紙裁切成適當尺寸。

■雙層面紙的祕密

面紙多半是由兩張疊合而成,將兩張面紙拆開來瞧一瞧,會發現外側較為光滑,內側則較為粗糙。粗糙面所含有的空氣能使面紙觸感更柔軟,因此雙層面紙的構造,為粗糙面相接、光滑面朝外。

❶ 用自動折疊機將雙層滾筒面紙折成〈字型,如右圖般交錯相疊。

❷ 裁切成適當尺寸,裝進紙盒裡。

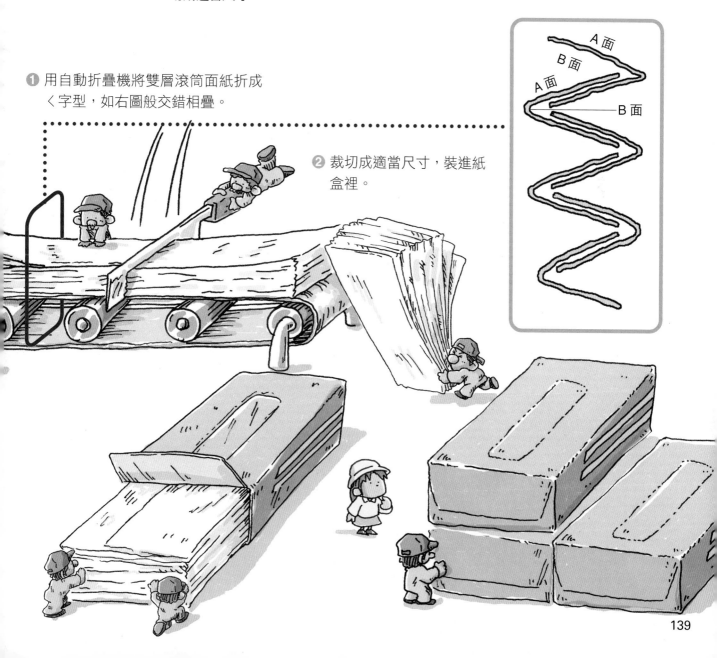

肥皂

肥皂可以洗去清水所洗不掉的油污，但是，你知道肥皂是用油做成的嗎？

肥皂是利用油與鹼性藥劑產生化學反應所製成的，椰子油、橄欖油或牛身上的脂肪，都能用來做肥皂。肥皂的硬度與去污力，取決於油脂的種類與比例。

1 製造肥皂的基底*

❶ 在植物性或動物性油脂中添加鹼性藥劑（氫氧化鈉），一邊加熱一邊慢慢攪拌，直到變成黏稠狀（皂化）。

▲ 讓油脂與氫氧化鈉產生化學反應，就能製成肥皂基底。

▶ 椰子樹主要產於東南亞國家。

＊製造肥皂基底的方式有兩種，一種是用鹼性藥劑將油脂水解（皂化），另一種是從油脂中萃取脂肪酸，讓脂肪酸與鹼直接產生反應的中和法。

本書所介紹的是知名的傳統製造方式──鹼化鹽析法。

② 將鹽水倒進肥皂基底裡攪拌，以分離肥皂成分與非肥皂成分（鹽析）。

肥皂成分

鹽
甘油

▲ 將肥皂成分與非肥皂成分區分開來。

③ 取出肥皂成分，薄薄鋪在平面上，使其乾燥。

④ 待硬度跟黏土差不多時，將肥皂基底剁碎。

2 混合

將顆粒狀的肥皂基底倒入攪拌機，接著添加色素與香料，仔細攪拌混合。

▼ 將顆粒狀的肥皂基底攪拌均勻。

3 塑型

❶ 將拌勻的肥皂倒入押出機裡，擠製成型。

■肥皂的起源

肥皂如何進入人們的生活，要從距今 5000 年前說起。烤羊肉時，肉的油脂不斷滴到下方的灰燼，有人將油脂與灰的混合物拿來洗鍋子，竟然起了泡泡，也洗掉了油污！這就是肥皂的起源。

▲ 用押出機擠製圓柱狀的肥皂。

❷ 裁切成適當的肥皂尺寸。

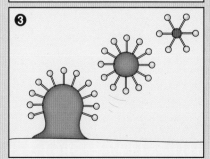

❸ 壓製肥皂的造型，包裝出貨。

■為什麼肥皂能洗淨髒汙？

　　清水無法洗淨的油污，可藉由肥皂洗得乾乾淨淨。

　　肥皂同時含有親水成分與親油成分，用肥皂清洗油污時，親油成分會持續吸附物體表面的油（圖1、圖2），吸附到一定程度後，親水成分會將油污帶到水裡（圖3）。此時再用清水沖洗，就能一併沖掉肥皂成分與油污了。

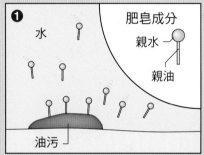

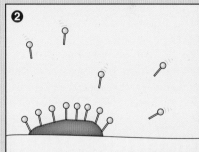

刀具

刀鋒是刀具的命脈，堅韌耐用的刀具，是如何製成的呢？

刀具的刀刃必須強韌，才能反覆用來切斷各種食材。自古以來，日本傳統刀具的刀刃就是由鋼（較硬的鐵）製成，製作刀具時，必須將鋼放在火爐上加熱，用鐵鎚敲打無數次，再重複冷卻、加熱程序，才能賦予刀刃堅韌的特性。這是傳承自日本武士刀的傳統刀刃製法。

1 製造刀具基底

❶ 將鋼切成適當尺寸，再擺放在塗有接著劑的金屬底座（較軟的鐵）上，送進火爐。

❷ 用鐵鎚敲打燒紅的鋼板，使鋼板與金屬底座緊密黏合。冷卻後再送進火爐，以上程序要反覆數次。

❸ 直到鋼板厚度接近刀刃厚度，再切割出粗略的刀刃形狀。

反覆敲打燒紅的鐵塊，才能去除金屬中的雜質。這項步驟相當重要。

2 塑型

❶ 再度將刀刃送入火爐加熱。

❷ 燒紅後取出，用鐵鎚敲得又薄又平坦。打造出刀柄的形狀，使整體形狀更接近刀具成品。

❸ 修整好形狀後，讓刀刃緩緩冷卻（退火*1）。

❹ 在常溫下用鐵鎚仔細敲打，使表面變得更加平滑。

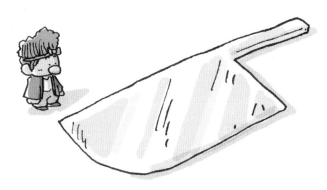

＊1 使加熱到某種程度的金屬慢慢冷卻。

3 鍛造刀刃

❶ 將泥水塗滿刀刃。這麼做能使燒製時的熱度分布均勻，也較不易冷卻。

❷ 將刀刃放進 800℃ 左右的火爐中，刀刃燒紅後就泡進水中 2 至 3 秒。這項步驟稱為淬火。急速冷卻能使鋼板變得更強韌，成為好切好用的刀具。

❸ 將刀刃放進 180℃ 左右的火爐後再取出，接著自然冷卻。這項步驟叫做回火，能進一步提升鋼板的強度。

西式刀具的製造方法

西式刀具不像日式刀具採用敲打鋼板的製刀方式，而是用模具將板狀材料沖壓成型。

相較於用鐵鎚逐一敲打成型的日本製刀法，沖壓法不僅有利於大量生產，製造出的刀刃形狀也比較一致。

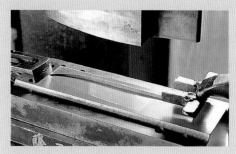

▲ 用來沖壓刀刃的模具。

❹ 用鐵鎚敲打刀刃，以敲平因淬火而形成的凹凸。這項步驟叫做正常化。

4 磨刀

先以表面粗糙的磨刀石^{* 2}來磨刀，再以表面較細緻的天然磨刀石修飾細微處。

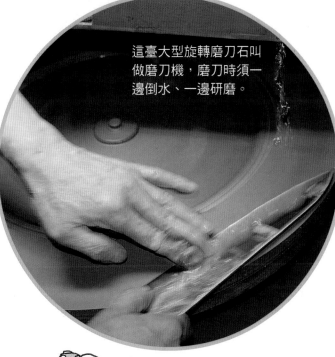

這臺大型旋轉磨刀石叫做磨刀機，磨刀時須一邊倒水、一邊研磨。

●日式刀具的種類

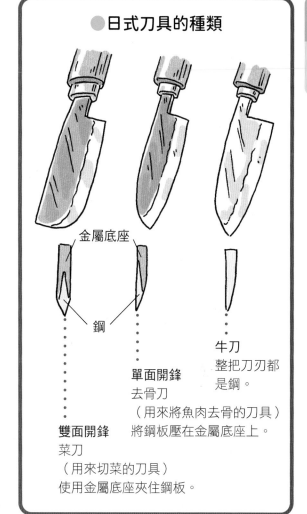

金屬底座

鋼

牛刀
整把刀刃都是鋼。

單面開鋒
去骨刀
（用來將魚肉去骨的刀具）
將鋼板壓在金屬底座上。

雙面開鋒
菜刀
（用來切菜的刀具）
使用金屬底座夾住鋼板。

5 裝上刀柄

將刀刃裝上刀柄，刀具就完成了！

＊2 用來將刀刃或石材磨利的石頭。

湯匙與叉子

不鏽鋼製的湯匙與叉子堅固耐用又不易生鏽，其中的祕訣是什麼呢？

湯匙與叉子是用不鏽鋼[1]板裁切、延展後塑型製成的。不鏽鋼的英文是 stainless（沒有鐵鏽的意思），而不鏽鋼物如其名，是一種非常不容易生鏽的金屬。

1 製造原型

先準備適當尺寸的不鏽鋼板，接著用模具壓製湯匙與叉子的原型。

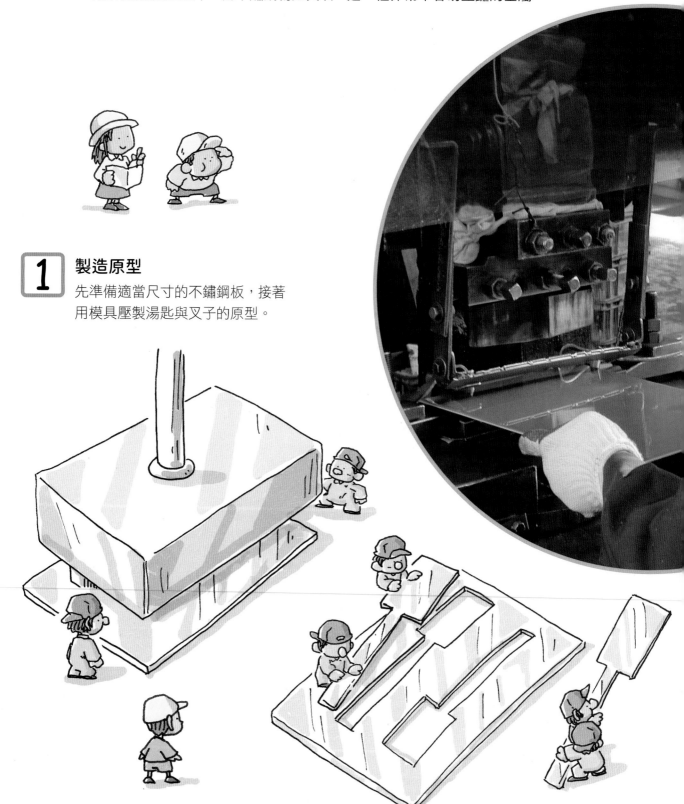

*1 以鐵、鉻、鎳為主成分製成的合金，不易生鏽。

2 塑型

❶ 用滾輪夾住原型，並利用滾輪的
重量將其延展成適當厚度。

滾輪 ⋯⋯⋯

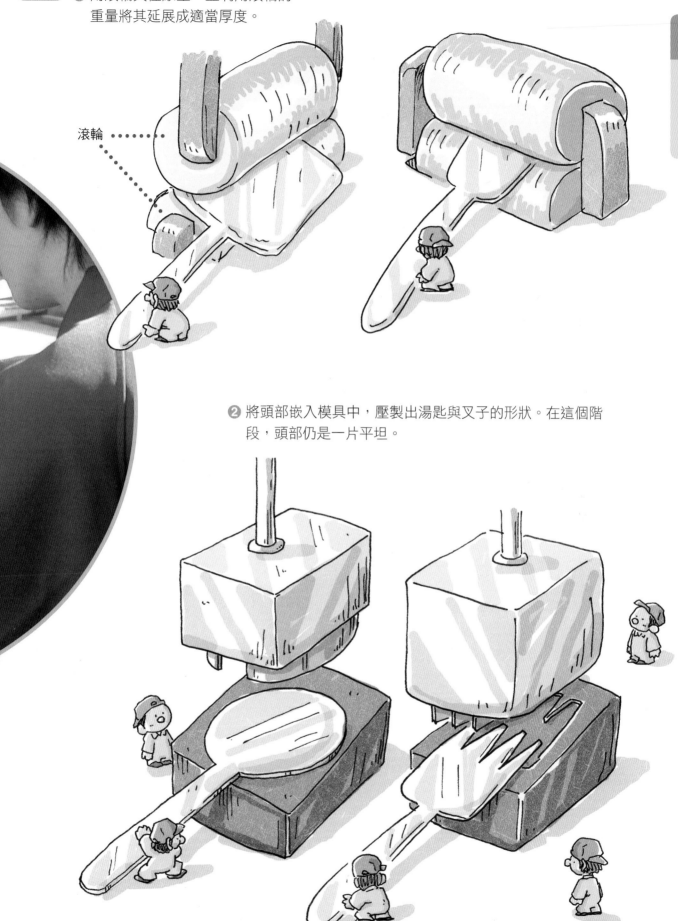

❷ 將頭部嵌入模具中，壓製出湯匙與叉子的形狀。在這個階
段，頭部仍是一片平坦。

3 打磨

用柔軟的布沾上拋光粉，打磨整支湯匙、叉子，再將表面的碎屑、髒汙清洗乾淨。

4 製造弧度

用兩個模具夾住頭部強力施壓，以製造凹槽與弧度。

5 製造花紋

在握柄刻上圖案或文字。

■為什麼叉子都是 4 齒？

叉子原本只有 1 齒，主要是用來串食物用的（類似烤肉串的竹籤），但是 1 齒不方便食用，於是後來就衍生出 2 齒、3 齒的叉子。

從前也有 5 齒、6 齒的叉子，但 4 齒還是最好用，因此 4 齒就成為現今的叉子主流了。

據說，英國在 19 世紀制定餐桌禮儀時，就已規定使用 4 齒叉子。

至於用來吃水果的小叉子，則有 2 齒與 3 齒的規格。

▶ 利用機器為握柄刻出花紋。

6 最後打磨
打磨整支叉子與湯匙，
使其變得光滑。

■日本最自豪的
諾貝爾獎指定餐具

　　日本新潟縣燕市，自古以來就以金屬加工業聞名。每年 12 月在瑞典舉辦的諾貝爾頒獎典禮晚宴，使用的並非是歐洲在地廠商的西式餐具[2]，而是燕市的山崎金屬工業的產品。這項慣例，從 1991 年以來延續至今。

＊2 這裡指的是刀叉湯匙等用具。

設計簡單大方的諾貝爾指定餐具。

透明膠帶

為什麼未經使用的透明膠帶[1] 很好撕，但是貼在紙上之後，卻很難撕下來呢？

透明膠帶是一種塗有透明黏膠（黏著劑）的透明薄膜，可黏在大部分的物體上。不過，為什麼只有其中一面有黏性，另一面卻沒有呢？因為兩面的化學藥劑不同！薄膜上層塗有離型劑，能使膠帶輕鬆剝離；而底層黏膠與薄膜中間的助黏劑，則能使黏膠牢牢固定在薄膜上。

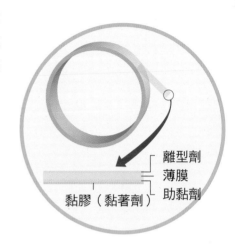

離型劑
薄膜
助黏劑
黏膠（黏著劑）

1 製造薄膜原液[2]

❶ 溶解紙漿[3]後，加入化學藥劑攪拌均勻。

❷ 變成粥狀後，稍微靜置一段時間。

❸ 添加二氧化碳及氫氧化鈉，以溶解得更細緻。

2 製造薄膜

❶ 將原液壓成扁平狀。

❹ 過濾雜質，製造薄膜的原液。

＊1 這裡的透明膠帶，亦稱為「玻璃紙膠帶」。
＊2 醋酸纖維素，與玻璃紙相同的材質。
＊3 分解木材後將纖維匯聚起來，就是紙漿（→ P.136）。

七

透明膠帶

■由天然成分所製成的透明膠帶

日本人常以「SEROTE-PU」來簡稱透明膠帶，但這原來是「NICHIBAN」公司的註冊商標，其實透明膠帶的正確說法是「SEROHANTE-PU」才對。

透明膠帶的薄膜乍看很像塑膠，但它的原料是由木屑所製成的天然物質。

NICHIBAN 公司表示，其生產的透明膠帶的黏膠原料是天然橡膠與天然樹脂，管芯則是由再生紙所製成。

▲ 為透明薄膜塗上離型劑與助黏劑的機器。

❷ 利用凝固劑使其硬化。　　❸ 浸一下漂白劑或柔軟劑，每泡一次藥劑就要過一次水。　　❹ 弄乾，捲起。

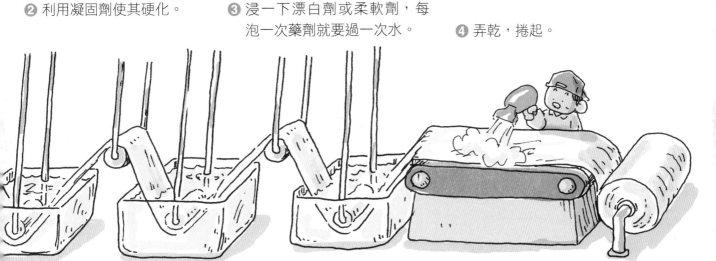

3 塗上離型劑與助黏劑

拉出捲好的薄膜，正面塗離型劑、反面塗助黏劑，邊塗邊捲，然後弄乾。

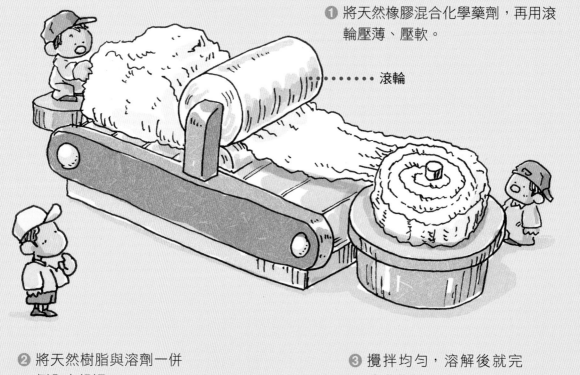

① 將天然橡膠混合化學藥劑，再用滾輪壓薄、壓軟。

滾輪

② 將天然樹脂與溶劑一併倒入大鍋裡。

③ 攪拌均勻，溶解後就完成黏著劑了。

發源於美國的透明膠帶

透明膠帶發源於 1930 年的美國，它的前身是汽車塗裝用的紙膠帶（用來避免塗料沾染到他處的紙製膠帶）。

透明膠帶最初的用途是包裝，而當時全球正值經濟大蕭條時期，各國都提倡節約，因此透明、輕薄又耐用的透明膠帶也意外衍生出其他用途，如修補破損的書本、玻璃等等；久而久之，透明膠帶就變成職場與家庭不可或缺的文具用品了。

4 塗上黏著劑

❶ 將黏著劑塗在事先加上助黏劑
的那一面，接著捲起來。

❷ 使膠帶乾燥。

▲ 塗上黏著劑後捲起的透明膠帶。

5 裁切

將乾燥的透明膠帶捲在圓筒上，
再裁成適當尺寸。

6 包裝

將裁好的透明
膠帶裝進紙
盒，大功
告成！

▲ 裁斷機能將大捲透明膠帶
裁成適當尺寸。

榻榻米

榻榻米是日式住宅不可或缺的傳統地板材料。傳統工匠的技藝,至今仍不退潮流。

榻榻米是由支撐底部的「稻草墊」與鋪在表面的「草蓆」組合而成,兩者是分開製造的。榻榻米師傅必須先測量房間的尺寸,再來製造稻草墊、草蓆與包邊,才能做出符合房間大小的榻榻米。

草蓆

草蓆的原料是藺草。藺草生長在水田裡,表面強韌,草莖裡充滿海綿狀物質。

1 種植藺草

將藺草苗種植在水田裡。日本的水稻種植期在 5 月左右,而藺草則是在 11 至 12 月才開始種植。

2 收割藺草

6 月下旬至 7 月中旬,開始收割藺草。長度可達 1 至 1.5 公尺。

稻草墊

稻草墊的原料是已脫殼的稻草,不過,近來也出現以塑膠或木材纖維製成的產品。

1 曬乾稻草

將稻草綁成一束束,曬上 1 年。1 塊稻草墊,約需使用 30 公斤的稻草。

2 將稻草疊起來

先將稻草粗編成 1 塊草蓆,接著再鋪上縱向稻草,然後再交錯鋪上橫向稻草,如此反覆堆疊。

3 泥染

將藺草浸泡在溶有黏土的水裡（泥染），使其表面覆上泥膜，產生顏色、香氣與光澤。

4 曬乾

將泥染後的藺草放在太陽下曬兩天。

5 挑選

將曬乾後的藺草依長度與粗度分類，接著抓住一束藺草的尾端用力甩動，甩開較短的藺草。

3 鋪上短稻草

在②的成品上面鋪上切好的短稻草，接著再鋪上一層縱橫交錯的稻草。縱橫交錯的稻草可使稻草墊更加堅固，可延長使用年限。

▲ 製造稻草墊的機器。

▲ 編織草蓆的機器。

6 編織

❶ 挑選過的藺草即可進入編織程序。將縱向的麻線與橫向的藺草交錯編織，製成草蓆。

❷ 這是織好的草蓆。1塊榻榻米，約需使用 4000 至 7000 根藺草。

4 將疊好的稻草縫起來

將縱橫交錯的稻草疊到 40 公分厚時，從上方施力，將稻草壓縮到 5 公分厚，接著再用針線縫好。

5 裁切

將稻草墊裁切成適當尺寸。

加工

將分別製作的草蓆與稻草墊組合起來，製作成適合房間大小的尺寸。

1 裁切榻榻米

裁切稻草墊，並以塗有驅蟲藥的紙片封住切口。

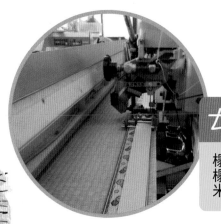

▲ 為榻榻米縫製包邊的機器。

2 縫合

❶ 攤開草蓆，在上面用噴霧瓶噴水。乾燥後，榻榻米會變得更加緊實。

❷ 將草蓆切割成符合稻草墊的尺寸，再用粗線縫上包邊布。這下子，榻榻米就完成了！

■榻榻米的尺寸

日式住宅會以「能鋪滿幾張榻榻米」來表示房間大小。每個地區的榻榻米尺寸不盡相同，像是以京都為主的關西地區尺寸為「京間（191×95.9 公分）」，名古屋為主的地區為「中京間（182×91 公分）」，東京為主的關東地區為「江戶間（176×88 公分）」，集合住宅所使用的則是集合住宅尺寸（170×85 公分）。

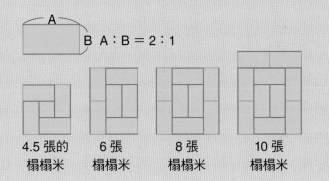

A B A：B = 2：1

4.5 張的 榻榻米　　6 張 榻榻米　　8 張 榻榻米　　10 張 榻榻米

乾電池

乾電池種類繁多，這裡要介紹的是使用簡便、價格便宜的碳鋅電池。

般所說的電池，是利用化學反應製造電力，因此在日本的正式名稱為化學反應電池。碳鋅電池是世界上出貨量最高的電池，材料為二氧化錳與碳棒。

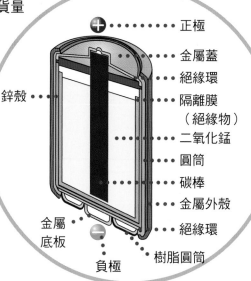

- 正極
- 金屬蓋
- 絕緣環
- 隔離膜（絕緣物）
- 二氧化錳
- 圓筒
- 碳棒
- 金屬外殼
- 絕緣環
- 樹脂圓筒

鋅殼

金屬底板

負極

碳鋅電池。突出面為正極，扁平面為負極。

1 製造鋅殼

❶ 從鋅板上挖出六角形的板子。

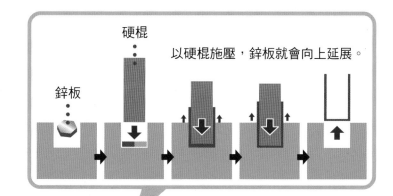

硬棍

以硬棍施壓，鋅板就會向上延展。

鋅板

❷ 將鋅板放進由合金製成的孔裡，再用硬棍從上方施壓，壓成圓筒狀。

2 製造正極的材料

將二氧化錳與電解液[*1]
混合,製造正極材料。

3 裝上隔離膜讓正負極隔絕

將隔離膜[*2]裝入鋅殼的
底部與內側。

4 倒粉

將②做好的材料倒進裝
好隔離膜的鋅殼,再鋪
上開有圓孔的紙板,將
材料壓緊。

* 1 可電解的溶液。
* 2 乾電池專用的特殊絕緣紙,可避免負極材料與正極材料在電池內部直接接觸,產生反應。

5 插入碳棒

① 將碳棒插入中央的圓孔，露出前端，以製造乾電池的正極。

② 鋪上中央開孔的塑膠蓋。

6 包上圓筒

在鋅殼底部裝上負極金屬底板與絕緣環後，再套上樹脂圓筒，以避免漏電。

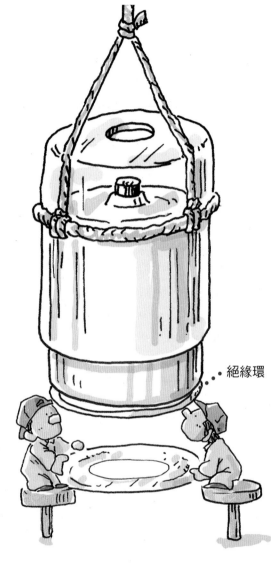

····· 絕緣環

●五花八門的電池

電池種類繁多，用途與尺寸也大不相同。本文所介紹的碳鋅電池屬於拋棄式電池，其他還有充電後能反覆使用的電池。

拋棄式電池

鹼性電池
材料為鹼性電解液，電池續航力為碳鋅電池的兩倍以上。

拋棄式鋰電池
材料為輕盈的金屬—鋰。不含水分，因此非常耐寒，不易結冰。

鈕扣電池
狀如鈕扣的小型電池。嬌小輕薄，常用於手錶或電子計算機等小型機器。

可反覆使用的電池

鋰離子電池
材料為鋰離子，可充電反覆使用。

鎳氫電池
材料為鎳、儲氫合金（能儲存、釋出氫的合金），續航力強。

其他電池

太陽能電池
半導體在接收光照後會產生電子，太陽能電池便是運用此特性，藉由太陽光產生電力。

■乾電池的尺寸

無論是哪種尺寸的乾電池，電壓一律為1.5伏特。電池的尺寸與續航力息息相關，尺寸愈大，續航力越高。

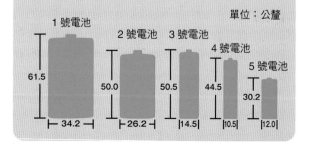

單位：公釐

1號電池　61.5　34.2
2號電池　50.0　26.2
3號電池　50.5　14.5
4號電池　44.5　10.5
5號電池　30.2　12.0

7 裝進鐵殼裡

將做好的部分裝進鐵殼
（金屬外殼）裡面。

8 裝上蓋子

裝上正極金屬蓋與絕緣環，
大功告成！

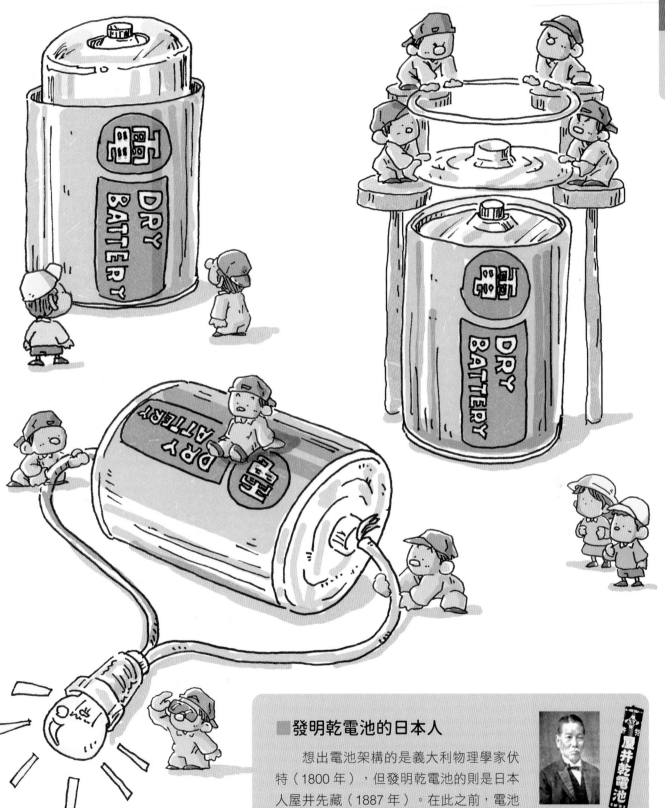

■ 發明乾電池的日本人

　　想出電池架構的是義大利物理學家伏
特（1800 年），但發明乾電池的則是日本
人屋井先藏（1887 年）。在此之前，電池
的電解液是液狀的，攜帶不便，直到屋井發
明了能使電解液固體化的方法，才製造出乾
電池（乾燥的電池）。

163

鏡子

鏡子其實是用板狀玻璃（一般窗戶所使用的玻璃）製作而成的，只要在板狀玻璃下點小功夫，就能變成映照萬物的鏡子。

古代人先是用池水與水灘來觀看自己的面容，接著才開始打磨石頭與金屬，當成鏡子使用。第一面鏡子製造於 1317 年，當時的義大利玻璃工匠發現在玻璃的其中一面塗上水銀（因水銀有毒，現在已改用銀），就能反射光線，映照物體。史上第一面玻璃鏡子花了 1 個月以上的時間才製造完成，可說是相當費工。現代工廠採用流水線生產作業，可以大量生產鏡子。

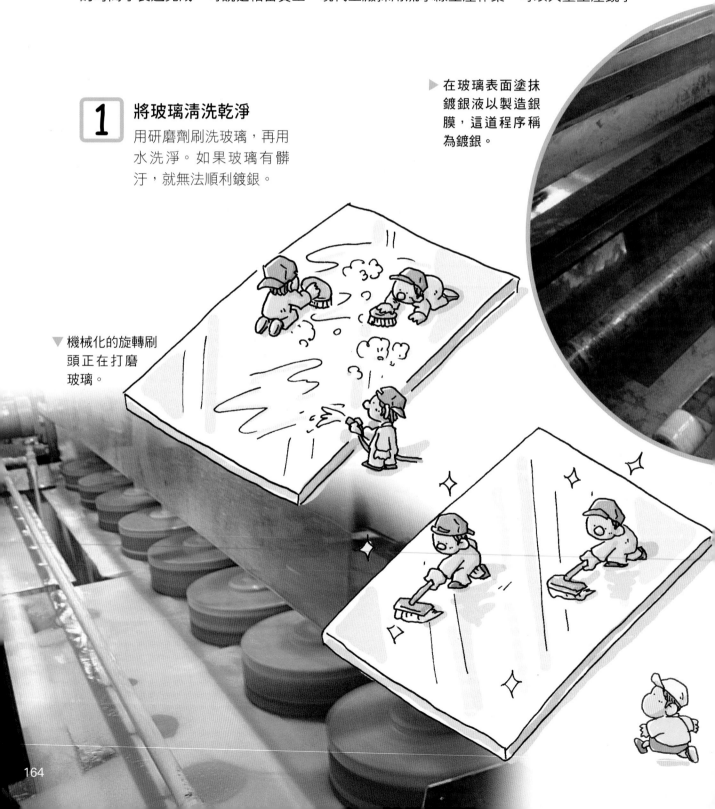

1 將玻璃清洗乾淨

用研磨劑刷洗玻璃，再用水洗淨。如果玻璃有髒汙，就無法順利鍍銀。

▶ 在玻璃表面塗抹鍍銀液以製造銀膜，這道程序稱為鍍銀。

▼ 機械化的旋轉刷頭正在打磨玻璃。

2 在其中一面鍍銀*

❶ 將藥品（將錫與水融合的液體，能使銀與玻璃黏合）塗上玻璃，再用蒸餾水洗淨。

❷ 將硝酸銀、氫氧化鈉、葡萄糖攪拌均勻，製造鍍銀液。

❸ 在玻璃表面均勻塗抹鍍銀液（鍍銀）。

4

鏡子

■汽車後照鏡是用鋁製成的

　　汽車或機車的後照鏡會受到風吹雨打，因此使用鋁替代銀，並使用「真空鍍膜」的方式，在板狀玻璃表面貼上一層薄薄的鋁膜。

　　採用真空鍍鋁的鏡子堅固耐用，適合在氣候與溫度變化劇烈的戶外使用。

●鏡子的成像原理

　　鏡子能映照物體，窗玻璃能映照人臉，都是因為光線反射的關係。

放大圖

鏡面（表面）　玻璃　銀膜　銅膜　塗料型保護膜

塗在內側的銀能反射約100％的光線。　光

光

玻璃表面所反射的光線，以及穿透玻璃的光線。

*輕輕抹上一層銀，稱為鍍銀。「鍍」是指在物體表面鋪上金屬薄膜。

3 在銀的表面鍍銅

❶ 在鍍銀的表面鍍上一層銅，能防止玻璃的銀膜因接觸空氣而變質。

❷ 在鍍銅膜表面再抹上一層塗料，以保護鍍膜。

4 乾燥

使用遠紅外線加熱器快速乾燥。

5 檢查

檢查未經鍍銀的玻璃表面是否損傷，以及表面的鍍銀是否完善。

6 加工

❶ 用玻璃切割刀將
做好的大鏡子
割成適當
尺寸。

❷ 沿著玻璃切割刀劃出
的切線折斷鏡子。

7 修飾

將玻璃切口磨平，
再用合成樹
脂修補鍍膜
破損處，大
功告成！

■ 從這一側看過去是鏡子，從另一側看過去是玻璃窗？

從外面看是鏡子，從裡面看卻是能透視外頭景象的玻璃窗？這就叫單向透視鏡。這種鏡子的其中一面鍍銀比一般鏡子薄，也沒有鍍銅，因此將它放在房間的明亮處與陰暗處交界點時，從亮處往暗處看去是鏡子，從暗處往亮處看去，就成了普通的玻璃窗。

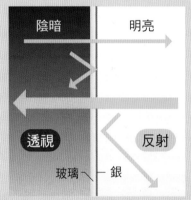

因為「銀」塗得很薄，所以僅能反射部分光線，而讓部分光線穿透。從暗處射過來的光線，會被亮處的光線抵銷。

接著劑

糨糊與口紅膠都是接著劑，但原料與製作方法卻大不相同。到底差異是什麼呢？我們一起來瞧瞧！

以前糨糊的原料是米，在家就可輕易製作；而現代工廠所製作的糨糊，是以玉米為原料。至於口紅膠，則是於 1970 年代上市的棒狀固體接著劑，相較於糨糊，口紅膠不易沾手、不易使紙張發皺、乾得也快，可說是優點多多。

糨糊

1 製膠

❶ 將玉米粉（玉米澱粉）與熱水攪拌均勻

❷ 移到另外的容器，加入鹼水再度攪拌。在攪拌過程中，液體會變得越來越黏稠。

2 靜置

移到儲存槽，將溫度維持在 40℃，靜置到糨糊變得均勻穩定為止。

3 裝入容器裡

將糨糊與塑膠鏟刀裝入容器裡，裝上蓋子。

糨糊

口紅膠

1 製膠

❶ 將鹼水、脂肪酸*、安定劑加入80℃的熱水中攪拌均勻。

❷ 將鹼水與脂肪酸混合後，會變得像肥皂水，此時再加入聚乙烯吡咯烷酮（PVP），就會變成膠水。

2 凝固

❶ 將膠水倒進容器裡。　❷ 冷卻後凝固。

3 包裝

加上蓋子，大功告成！

▲ 機器將定量的膠水灌進容器裡。

■為什麼糨糊會黏黏的？

米、小麥、馬鈴薯、玉米等植物中都含有澱粉，將澱粉放在水中加熱會吸水膨脹，不僅變得透明，也會變成一種帶有黏稠性的物質。糨糊就是因這個特性而誕生的產品。

* 此處指的是從植物油中萃取的脂肪酸。天然油脂是由脂肪酸與甘油結合而成的。　　169

鉛筆

鉛筆的特點就在於攜帶方便又好寫，筆軸的形狀跟筆芯的硬度，可是大有學問的喔。

鉛筆的筆芯是以石墨[*1]與黏土燒製定型而成，筆芯的硬度取決於黏土與石墨的比例，黏土的比例越高，筆芯越硬、顏色越淡；鉛筆上的 H、B 字母代表筆芯的濃度與硬度，H 代表 Hard（硬），B 代表 Black（黑）。

H 的數字越高，筆芯越硬、顏色越淡；B 的數字越高，筆芯越軟、顏色越濃。

1 攪拌筆芯的材料

❶ 將石墨、黏土與水倒進攪拌機裡打碎，使材料融合在一起。

❷ 用外力擠壓融合的材料，以排除空氣。

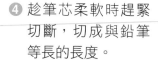

▼ 這排筆芯都是切成 20 公分。

❸ 將材料從小孔中擠出，擠成細繩狀。

❹ 趁筆芯柔軟時趕緊切斷，切成與鉛筆等長的長度。

＊1 成分只有碳的礦物。

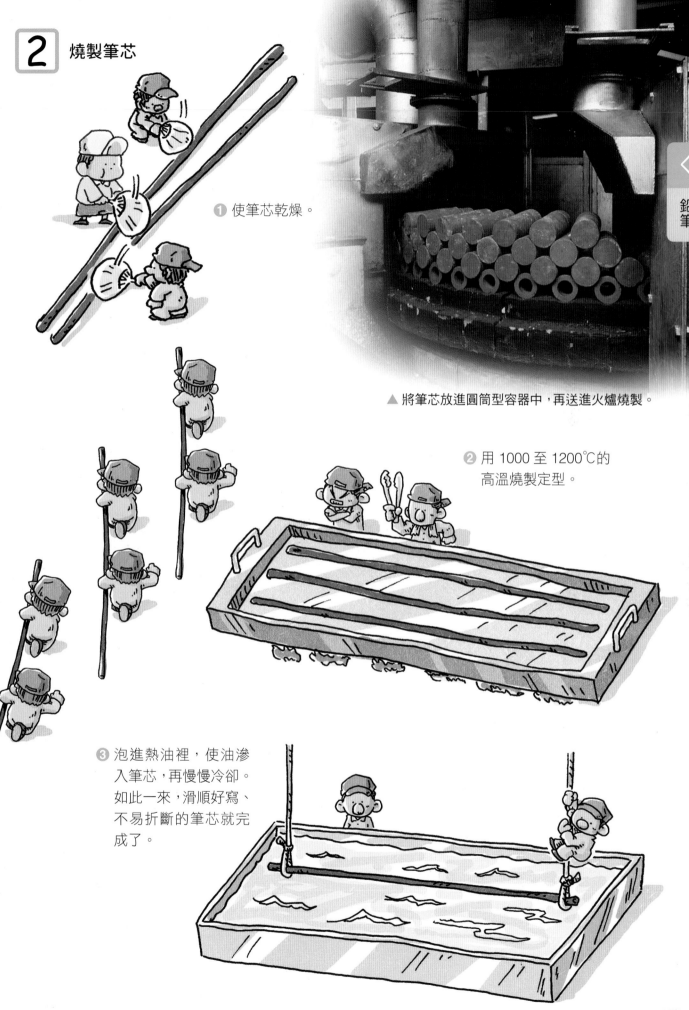

2 燒製筆芯

❶ 使筆芯乾燥。

▲ 將筆芯放進圓筒型容器中,再送進火爐燒製。

❷ 用 1000 至 1200℃的高溫燒製定型。

❸ 泡進熱油裡,使油滲入筆芯,再慢慢冷卻。如此一來,滑順好寫、不易折斷的筆芯就完成了。

■爲什麼鉛筆是六角形？

市面上的鉛筆多為六角形，是因為六角形比較容易握住，而且不容易滾動。

人在握鉛筆時會用拇指、食指、中指對鉛筆施力，總共 3 個施力點，因此用 3 的倍數製造鉛筆的稜角，會比較適合手握。

不過，色鉛筆的握法相當多樣，因此形狀多半是圓形，用起來觸感較佳。

有一種針葉樹叫「肖楠」，它的紋理細緻，沒有木節、木紋筆直，因此很適合用來做筆軸。

3 將筆芯放進軸板裡

❶ 將筆軸用的木板裁成鉛筆的長度，挖出筆芯適用的溝槽。

❸ 在木板上塗抹接著劑。

❷ 將筆芯嵌入溝槽裡。

❹ 將另一塊刻有相同溝槽的木板壓上塗抹接著劑的木板，壓到接著劑乾燥為止。

4 製成鉛筆的形狀

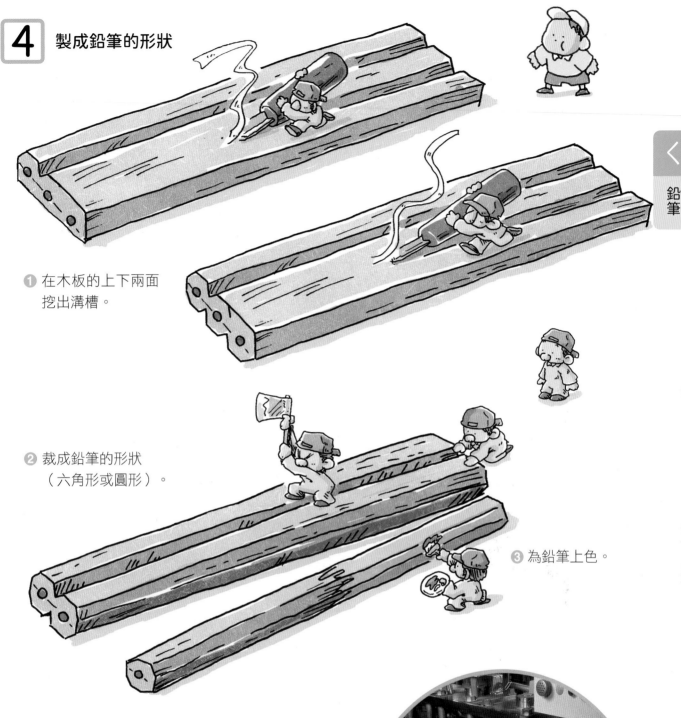

❶ 在木板的上下兩面
挖出溝槽。

❷ 裁成鉛筆的形狀
（六角形或圓形）。

❸ 為鉛筆上色。

■筆芯的硬度

　　色鉛筆的筆芯與一般鉛筆不同，製程中不使用
黏土。用來上色的顏料或染料、改善書寫手感的滑
石粉[*2] 或蠟、用來定型的黏膠……將上述原料與水
攪拌製作，就是色鉛筆了。此外，由於色鉛筆不像
鉛筆需要高溫燒製，因此筆芯較軟。

　　自動鉛筆的替換筆芯用塑膠取代了黏土，原料
的融合度高於一般筆芯，因此硬度也更強。

▲ 機器自動將完成的鉛筆裝盒。

＊ 2 使筆芯定型的必備粉狀物質。

球棒（木製）

棒球的球棒，是由一根木棒所製成的。這樣的轉變，必須經由機器與木匠的巧手來達成。

職棒所採用的球棒是木製球棒，而木製球棒都是由木匠一根一根的仔細製作而成。據說球棒的長度、粗細與重量只要有些微差異，就會影響選手的打擊表現。唯有經過工匠的巧手與眼力嚴格把關，才能看出細微的差異，為選手量身訂做最適合的球棒。

原料
木材的好壞關係到球棒的品質。青梻是最受歡迎的日本球棒原料，但近年來產量不足，因此業界也開始用楓樹、北美白梣取代 。

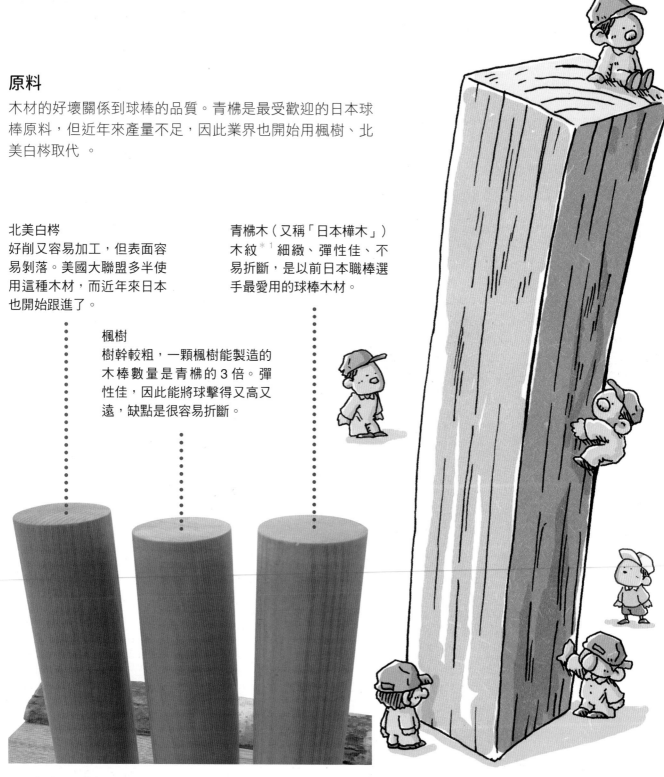

北美白梣
好削又容易加工，但表面容易剝落。美國大聯盟多半使用這種木材，而近年來日本也開始跟進了。

青梻木（又稱「日本樺木」）
木紋[1] 細緻、彈性佳、不易折斷，是以前日本職棒選手最愛用的球棒木材。

楓樹
樹幹較粗，一顆楓樹能製造的木棒數量是青梻的 3 倍。彈性佳，因此能將球擊得又高又遠，缺點是很容易折斷。

＊1 樹幹切割面的紋路。

1 初步裁切

❶ 一邊檢查木紋與損傷狀況，一邊
　裁切成適當尺寸。

❷ 將木材削出大致的木棒形狀。

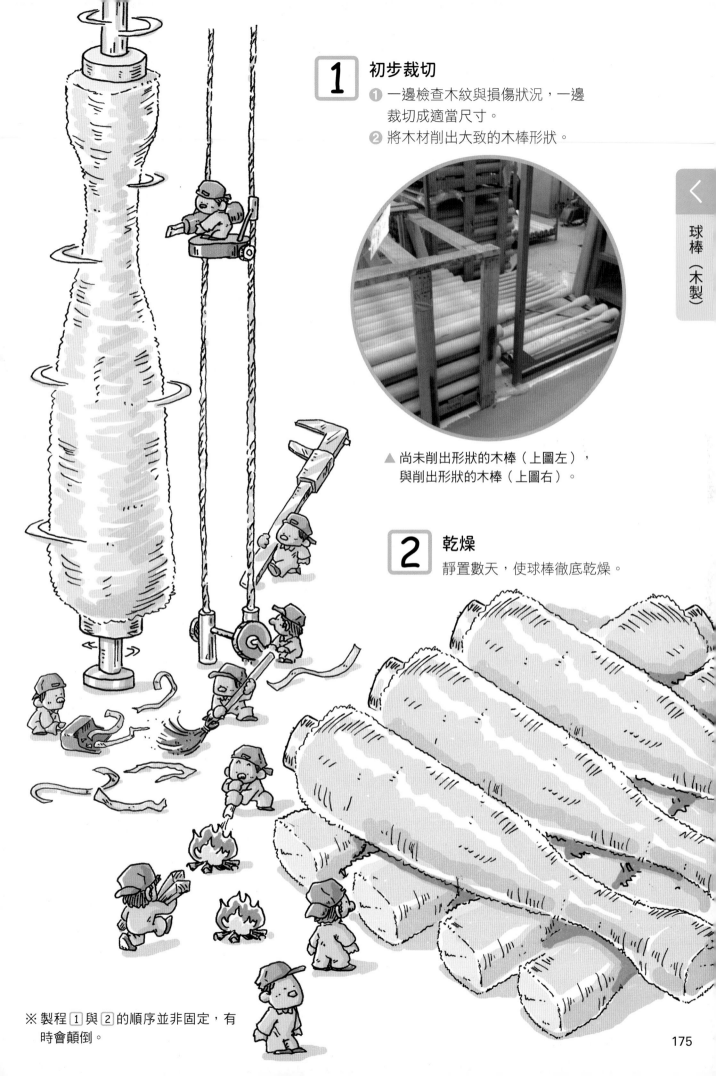

▲ 尚未削出形狀的木棒（上圖左），
　與削出形狀的木棒（上圖右）。

2 乾燥

靜置數天，使球棒徹底乾燥。

※ 製程 ① 與 ② 的順序並非固定，有
　時會顛倒。

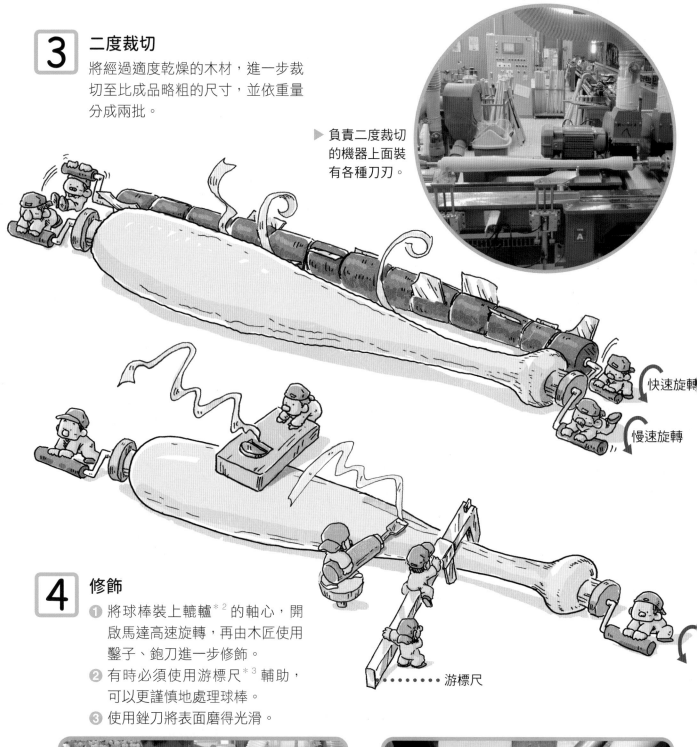

3 二度裁切

將經過適度乾燥的木材，進一步裁切至比成品略粗的尺寸，並依重量分成兩批。

▶ 負責二度裁切的機器上面裝有各種刀刃。

快速旋轉

慢速旋轉

4 修飾

① 將球棒裝上轆轤[*2] 的軸心，開啟馬達高速旋轉，再由木匠使用鑿子、鉋刀進一步修飾。

② 有時必須使用游標尺[*3] 輔助，可以更謹慎地處理球棒。

③ 使用銼刀將表面磨得光滑。

•••••••• 游標尺

▲ 每位職棒選手使用的球棒都不相同，工匠在處理時必須聚精會神，才能避免弄錯長度或重心位置。

▲ 修飾球棒時，工匠會以一手握住球棒，再用另一手削切。微調長度、粗細與重量，全靠工匠的左手。

＊2 木匠用來使材料旋轉的器具。　＊3 用來測量物體厚度與開口直徑的金屬尺。

5 塗裝、加工

❶ 塗上塗料，以避免球棒受潮、木紋剝落。
❷ 切除兩端的突出處。
❸ 印上商標，球棒就完成了！

▲ 測量球棒重量時必須連同塗料重量一併列入，
   而日本職棒所使用的球棒除了天然色之外，也
   有褐色、紅褐色、黑色等 3 種顏色。

※ 製程 5 的 ❶ 與 ❷ 有時會顛倒。

球
無論多麼用力踢、打擊，足球與網球都不會破，究竟是為什麼呢？

足球的表面是皮革，網球的表面是羊毛氈，而兩者的內部都是中空的橡膠球。如果是純橡膠球，很快就會破掉，因此足球與網球皆經過特殊補強，以增加強韌度。不僅如此，廠商也在球體表面的平滑度與彈性下了不少功夫喔。

足球

1　製造橡膠球

❶ 在天然橡膠中添加硫磺或其他藥劑，製成橡膠片。

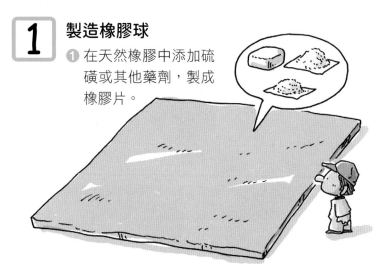

❷ 準備兩塊橡膠片，在其中一塊鑽出充氣孔，放在模具上。抽掉裡面的空氣（圖❶）後，橡膠片就能完美貼合模具（圖❷）。

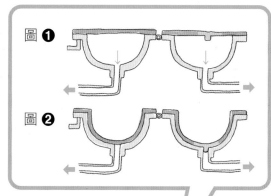

圖❶

圖❷

❸ 將兩個模具上下相接，
一邊從充氣孔灌入空氣，
一邊加熱。

空氣

❹ 將兩塊橡膠片接合，這樣橡膠球就完
成了。

2 纏上尼龍線

將塗好接著劑的
尼龍線纏上製程
1 的橡膠球。

■ 兩種橡膠球

　　足球內部的橡膠球，可依原料分成兩種。一種是天然
橡膠製成的橡膠球，柔軟、彈性佳，但空氣會逐漸外
洩；另一種則是由石油製成的人造橡膠球，雖然空
氣比較不容易外洩，但兩者從同樣高度落下時，
天然橡膠球彈得比較高。

　　這兩種橡膠球會依環境不同而派上用場。
經過特殊設計後，人造橡膠球落在硬土球場的
反彈力，與天然橡膠球落在柔軟草皮的反彈力
是一樣的。

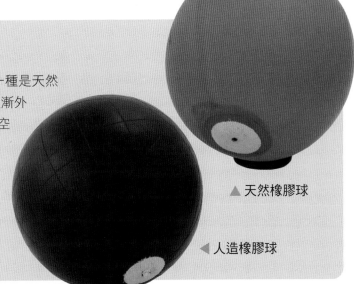

▲ 天然橡膠球

◀ 人造橡膠球

※ 足球可粗略分為機器作業的「貼皮足球」（本單元主要介紹
　的足球），以及藉由裁縫機或手工縫製的「手縫足球」（請見 P.181 小專欄）。

3 再覆蓋一塊橡膠片

❶ 與 1 之 ❷ 相同，再度將橡膠片覆蓋在模具上，接著放上纏好線的球。抽出空氣後，橡膠片與模具就能緊密貼合。

❷ 將兩個模具上下相接，一邊從充氣孔灌入空氣一邊加熱，使橡膠片與纏好線的球緊密相黏。

4 將皮革貼在橡膠球表面

❶ 從皮革片切割出正五邊形與正六邊形。

■足球的演變

在近代足球誕生之前，足球是將空氣灌入豬或牛的膀胱後封口，再包上動物皮革所製成的。後來，廠商將輪胎用的橡膠做成充氣球囊，再將皮革縫在表面，接著又進化成將縫線藏起來的版本。

直到 1960 年代起，市面上才出現由「12 片黑色正五邊形」及「20 片白色正六邊形」皮革縫製而成的龜甲型足球。

到了現代，業界開始使用人造皮革，最新型的足球已不再使用車縫法，而是用特殊接著劑與加熱方式來貼皮。

▲ 這是 2010 年 FIFA 世界盃足球賽的比賽指定用球 JABULANI，由主辦國南非依據最新技術所製成。表面的貼皮為八片，球形比一般足球更為圓滑。

❷ 將 12 片正五邊形皮革與 20 片正六邊形皮革排在模具內側,接著放入塗有接著劑的橡膠球。將兩個模具上下接合,一邊從充氣孔灌入空氣,一邊加熱。

❸ 皮革與橡膠球完美貼合,大功告成!

●手縫足球的製造過程

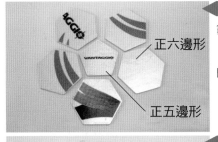

1 龜甲型足球(→ P.180)的皮革

正六邊形
正五邊形

2 從內側逐一縫上皮革。

3 皮革變得愈來愈大片。

4 漸漸產生足球的雛型。

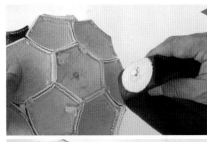

5 在橡膠球(→ P.179)表面塗抹接著劑。

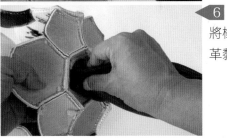

6 將橡膠球與皮革黏合。

7 將皮革翻回正面之後縫合。

8 手縫足球完成!

1 製造半球體

① 在天然橡膠中添加硫磺或其他藥劑，接著切下約半顆球的分量。

② 將半顆球分量的橡膠放入模具，一邊加熱一邊壓製。

③ 切除周遭溢出的部分。

2 將兩顆半球體黏合

① 將半球體的邊緣磨平，塗上接著劑。

② 將發泡劑灌進半球體。

③ 一邊加熱，一邊將兩顆半球體黏合。接著，發泡劑會產生氮氣，使球形變得飽滿。

3 貼上毛氈

❶ 藉由研磨劑
使球體表面
變得粗糙，
以利於接下
來塗抹接著
劑的步驟。

❷ 將接著劑塗上毛氈。

❸ 將毛氈切成葫蘆型。

❹ 將毛氈貼上
球體後加熱。

❺ 利用蒸氣使毛氈表
面的毛豎起，大功
告成！

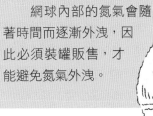

■爲什麼網球要裝在罐子裡？

網球內部的氮氣會隨
著時間而逐漸外洩，因
此必須裝罐販售，才
能避免氮氣外洩。

183

橡皮擦

從前橡皮擦是用天然橡膠製成的，而現在，塑膠製成的產品攻占了各大商場。

在塑膠製橡皮擦問世之前，橡皮擦物如其名，主要材料是從橡膠樹取得的天然橡膠。然而，1959 年的某家日本廠商，開發出比橡膠製橡皮擦更好用的產品，那就是以塑膠為主原料的「塑膠擦」。相較於橡皮擦，塑膠擦更容易上色，也更容易增添香氣。

1 製造塑膠製橡皮擦的基底

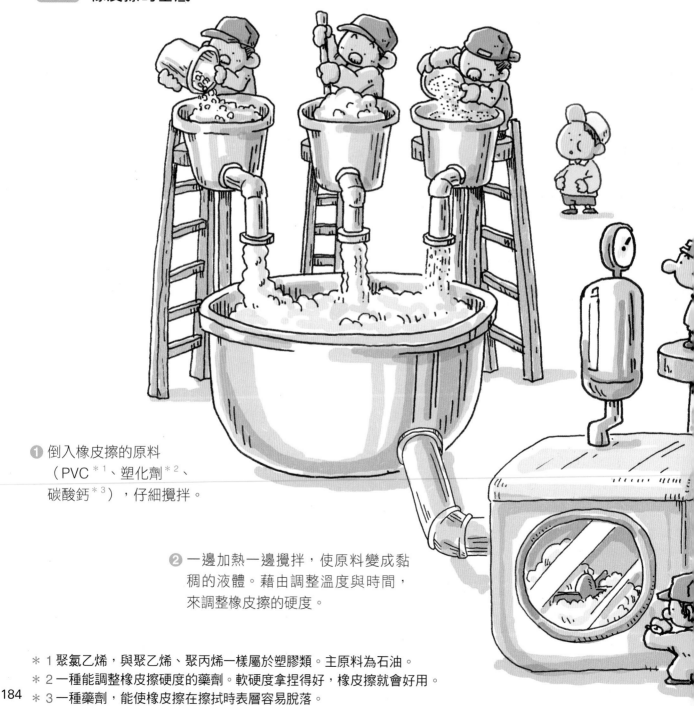

❶ 倒入橡皮擦的原料（PVC *1、塑化劑 *2、碳酸鈣 *3），仔細攪拌。

❷ 一邊加熱一邊攪拌，使原料變成黏稠的液體。藉由調整溫度與時間，來調整橡皮擦的硬度。

＊1 聚氯乙烯，與聚乙烯、聚丙烯一樣屬於塑膠類。主原料為石油。
＊2 一種能調整橡皮擦硬度的藥劑。軟硬度拿捏得好，橡皮擦就會好用。
＊3 一種藥劑，能使橡皮擦在擦拭時表層容易脫落。

2 塑型

橡皮擦主要有以下 3 種塑型方式。

● 將橡皮擦基底倒進押出機，接著再將
　機器製好的棒狀橡皮擦切塊。

● 將橡皮擦基底倒進造型模具，硬化後
　再打開模具，取出成品。

● 將橡皮擦基底倒進薄板狀模具，完全
　硬化後再切成適當尺寸、套上包裝，
　大功告成！

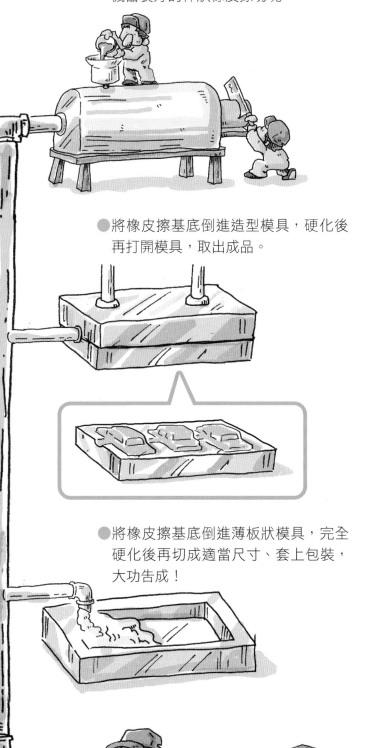

■ 爲什麼橡皮擦能擦掉字？

　字之所以消失，並不是因為橡皮擦磨掉了紙的表層，而是橡皮擦吸收了紙上的鉛筆石墨粉；此時再擦一次，吸收石墨粉的那層橡皮擦就脫落了。換句話說，橡皮擦一邊吸收紙上的石墨粉一邊剝落，因此能反覆用新的表層吸收石墨粉。剝落的橡皮擦表層，就是橡皮擦屑。

橡皮筋

伸縮自如的橡皮筋，為什麼彈性這麼好，又是如何製成的呢？

橡皮筋的原料以東南亞橡膠樹的樹汁為主。樹汁凝固成天然橡膠後，各國會向原產國進口天然橡膠，再送入工廠加工。未加工的天然橡膠很容易扯斷，因此必須添加強化彈性的藥劑，精煉後高溫加熱。天然橡膠與藥劑產生化學反應後，就能變成彈性極佳的橡膠。

天然橡膠

在橡膠樹的樹幹切出刻痕，就會滲出白色的樹汁。樹汁凝固後就能製造天然橡膠。

▲ 牛奶般的白色汁液就是橡膠的原料。它帶有些許氣味，質地黏稠。

1 精煉原料

① 在天然橡膠中添加各種藥劑，然後仔細揉合。

首款日產橡皮筋來自於腳踏車的輪胎

日本首款橡皮筋誕生於大正年間（1912 至 1926 年），當時是將腳踏車輪胎切成一條條的黑色橡膠圈，而且主要用途是捆紙鈔。

後來，才製造出顏色透明、彈性佳的橡皮筋。

② 將揉合過的原料壓成薄片後捲起。

③ 將捲起的薄片放入機器中，以去除原料中的碎石、木屑等雜質。

④ 將去除雜質的原料壓製成方塊狀。

2 添加顏料與硫磺後精煉

❶ 加入顏料與硫磺來著色並提升彈性,然後再度揉合。

▲ 添加顏料後用滾輪仔細揉合,即可製造出綠色、紅色等色彩繽紛的橡皮筋。

❷ 將揉合過的橡膠擀成寬約 10 公分的細長帶狀橡膠。

1 精煉原料

① 在天然橡膠中添加各種藥劑，然後仔細揉合。

T

橡皮筋

■首款日產橡皮筋來自於腳踏車的輪胎

日本首款橡皮筋誕生於大正年間（1912 至 1926 年），當時是將腳踏車輪胎切成一條條的黑色橡膠圈，而且主要用途是捆紙鈔。

後來，才製造出顏色透明、彈性佳的橡皮筋。

② 將揉合過的原料壓成薄片後捲起。

③ 將捲起的薄片放入機器中，以去除原料中的碎石、木屑等雜質。

④ 將去除雜質的原料壓製成方塊狀。

2 添加顏料與硫磺後精煉

❶ 加入顏料與硫磺來著色並提升彈性，然後再度揉合。

▲ 添加顏料後用滾輪仔細揉合，即可製造出綠色、紅色等色彩繽紛的橡皮筋。

❷ 將揉合過的橡膠擀成寬約 10 公分的細長帶狀橡膠。

3 將橡膠管變成橡皮筋

① 將帶狀橡膠放進押出機。押出機的前端設有環狀金屬口，當橡膠通過環狀金屬口時，空氣會灌入橡膠，使其變成中空的管狀。

環狀金屬口

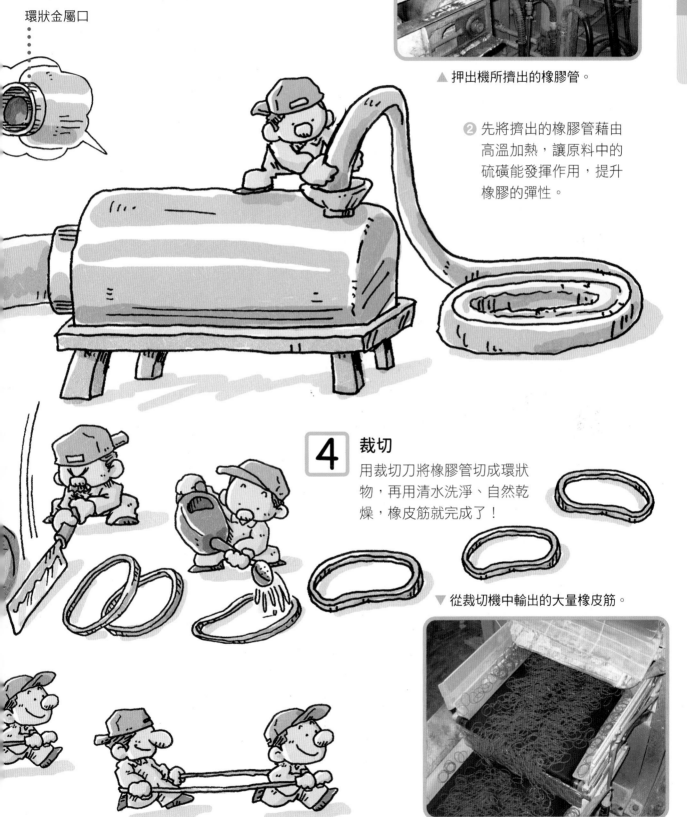

▲ 押出機所擠出的橡膠管。

② 先將擠出的橡膠管藉由高溫加熱，讓原料中的硫磺能發揮作用，提升橡膠的彈性。

4 裁切

用裁切刀將橡膠管切成環狀物，再用清水洗淨、自然乾燥，橡皮筋就完成了！

▼ 從裁切機中輸出的大量橡皮筋。

牙刷

牙刷的植毛程序由機器負責進行，平均每支牙刷的植毛時間約兩秒，轉眼間就能製造出一支牙刷！

牙刷由握柄與刷毛構成，握柄為塑膠製，上頭留有植毛孔。刷毛的主要材質為尼龍，工廠利用自動植毛機將刷毛束起，再嵌入握柄的植毛孔。

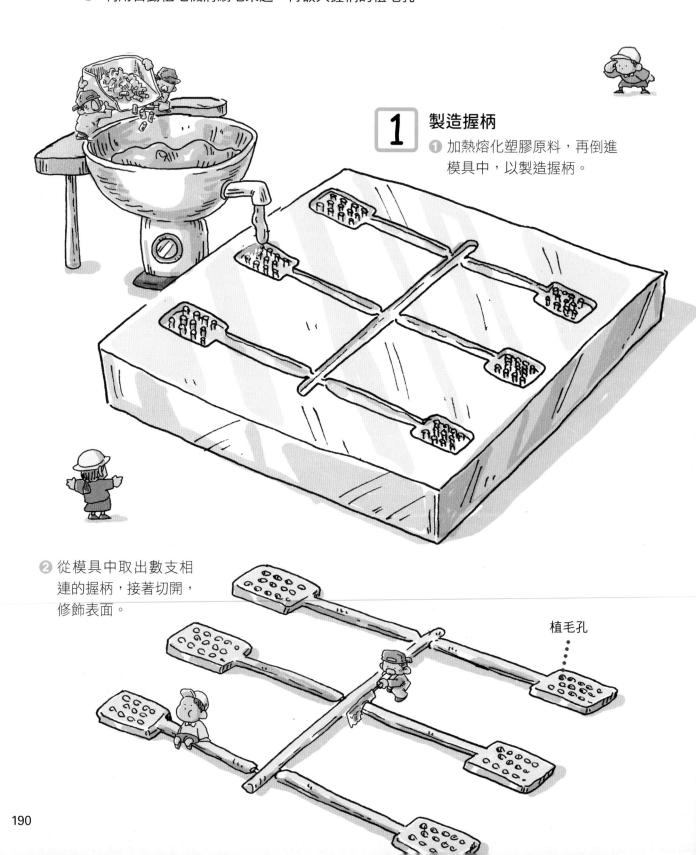

1 製造握柄

❶ 加熱熔化塑膠原料，再倒進模具中，以製造握柄。

❷ 從模具中取出數支相連的握柄，接著切開，修飾表面。

植毛孔

2 製造刷毛

① 將加熱熔化的塑膠原料（尼龍）
擠入開有小孔的金屬模具。

一

牙刷

■牙刷與牙籤

　　日本的牙刷起源，據說是源自於六世紀時與佛教一同傳入日本的「齒木」。齒木也是牙籤的起源，它是一種切細的樹枝，古代人將它咬在口中清潔口腔。佛教經典將此習慣視為儀式，因此學者推測，最早開始咬齒木的應該是僧侶。到了平安時代（794 至 1192 年），貴族與武士也開始使用齒木，而到了江戶時代（1603 至 1868 年），這種習慣也擴展到平民之間了。

▶ 現在依然有不少國家使用齒木。圖中的衣索比亞人正在用齒木清潔牙齒。

② 將細毛束起、切短。

◀ 尚未切短的成束尼龍刷毛。工廠可做出各種顏色的刷毛。

3 裁切扣鎖

將黃銅薄板裁切成比牙刷毛孔
直徑略長的尺寸，即可製
造出扣鎖，可將刷毛
固定在握柄上。

4 將刷毛植入孔裡

從 2 的刷毛束中抽出 15 根左右，接著束起來對
折，再用扣鎖固定在孔裡。一般牙刷的每個孔都
會植入 15 根刷毛（對折後變成 30 根），但是軟
毛牙刷的刷毛較細，因此必須使用更多根。

▶ 植毛前的牙刷。機器
會自動將所有牙刷翻
向同一個方向。

▲ 工廠使用自動植毛機將刷毛
　植入孔裡，修毛也是採用機
　器流水線作業。

■明治時代的牙刷

　日本是從明治時代（1868
至 1912 年）起開始製造牙刷。
當時的牙刷握柄由動物骨頭製
成，而刷毛則是動物毛髮。直到
昭和 30 年（1955 年），才出
現尼龍刷毛。

▲ 以動物骨頭與毛髮所製成的
　牙刷。（圖中牙刷為 1914
　年上市的產品）

5 修毛
　用旋轉刀修整刷毛的長度（有
　時會修成鋸齒型），再用砂紙
　將毛尖磨圓。如此一來，牙刷
　就大功告成了！

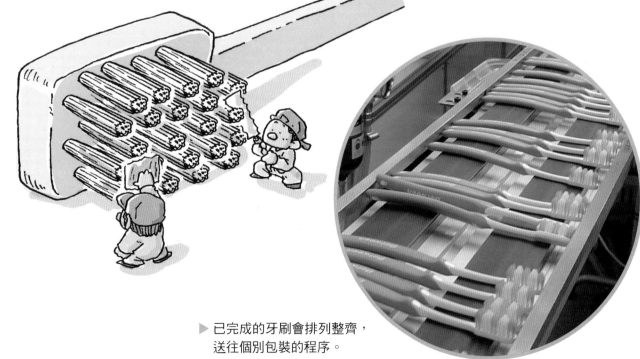

▶ 已完成的牙刷會排列整齊，
　送往個別包裝的程序。

蚊香

市面上有噴霧式蚊香與電蚊香，而最原始的就是螺旋蚊香。究竟，為什麼蚊香能驅除蚊蟲呢？

由天然素材所製成的蚊香，主原料就是一種叫做除蟲菊的植物。除蟲菊的花朵子房部分含有「除蟲菊精」，可用來殺死蚊蟲。不過，大部分的蚊香都採用化學合成的「類除蟲菊精」。無論是「除蟲菊精」或「類除蟲菊精」，對人類或貓狗都沒有危害。

▲ 除蟲菊的花，天然的除蟲菊精就位於花朵的子房。

將除蟲菊的花朵摘下，乾燥後磨成粉，就能萃取除蟲菊精。

1 攪拌材料

將除蟲菊精粉、樹粉與植物性粉狀膠混合攪拌，攪拌後變成淡褐色粉末。

2 煉製

加水煉製。若想做成綠色蚊香，須在此時加入綠色染料。直到質地柔軟到用手一捏就能留下指印，才算煉製完成。

▲ 碾壓粉末的「輪碾機」，其滾輪重達 400 公斤。

3 壓成薄片

放入押出機，碾成厚度 0.5 公分的
狹長薄片，再切成固定長度。

4 塑型

❶ 將模具壓進薄片裡。

❷ 壓製出由兩個螺旋
組成的蚊香。

▲ 工廠的模切機可在狹長薄片
上，同時壓製出數個蚊香。

5 乾燥

❶ 這個階段的蚊香含有許多水分，質地柔軟，所以必須將雙螺旋一組的蚊香放在網子上。

❷ 在乾燥室乾燥兩天，待水分去除後就能裝盒，大功告成！

■ 爲什麼蚊香要做成螺旋型？

發明蚊香的點子，其實源自於佛壇的線香。

首款蚊香跟線香一樣是細長的棒狀，但燃燒時間短，又容易在運送途中折斷。因此，後來才開發出像現在這種燃燒時間長、又堅固的螺旋蚊香。

若將螺旋攤開，長度約有75公分，可持續燃燒7小時。

▲ 這是棒狀的蚊香，長度約20公分。

原子筆

再來看看原子筆的神奇構造吧！想不到它的構造竟然跟印刷機相同，原理是？

原子筆是藉由旋轉筆尖的小鋼珠來引出細管中的墨水，而沾了墨水的鋼珠壓在紙上，就能將墨水印上去──這跟印刷機的原理一模一樣！近年來的原子筆種類五花八門，筆尖粗細也有多種選擇，連墨水也分成油性與水性。有些廉價款式被視為拋棄式原子筆，但無論是哪種原子筆，筆尖都是由高精密度加工製程所製作的。

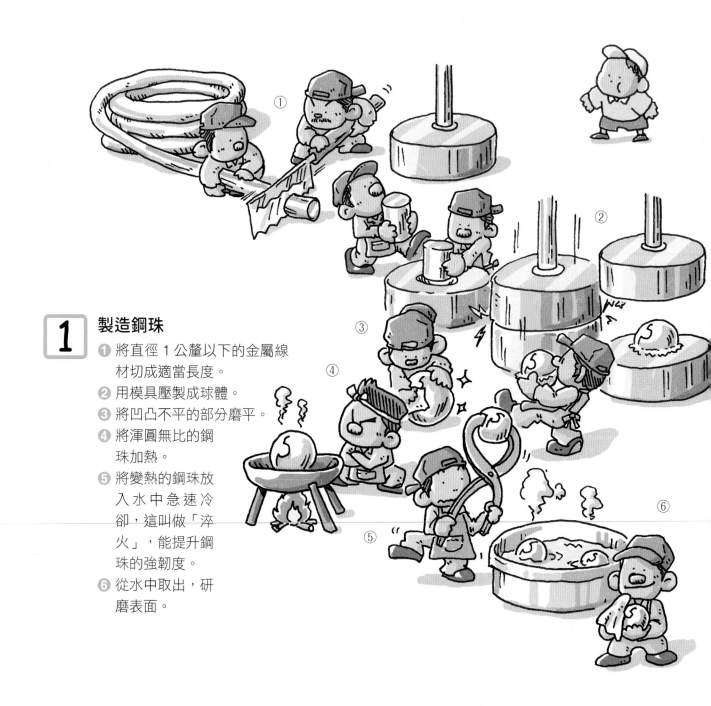

1 製造鋼珠

❶ 將直徑 1 公釐以下的金屬線材切成適當長度。

❷ 用模具壓製成球體。

❸ 將凹凸不平的部分磨平。

❹ 將渾圓無比的鋼珠加熱。

❺ 將變熱的鋼珠放入水中急速冷卻，這叫做「淬火」，能提升鋼珠的強韌度。

❻ 從水中取出，研磨表面。

※ 鋼珠的材料中含有高強度超硬合金，將碳化鎢混合鈷後燒製成球體，即為超硬合金鋼珠。

2 製造筆身

① 將直徑 3 公釐左右的金屬線切成適當長度,再放進模具中壓製成筆身。

② 用電鑽在筆身後方筆直鑽孔。

③ 在筆身前端鑽出鋼珠孔。

④ 利用裝設數支細刀的機器,在鋼珠孔裡刻出墨水溝槽。

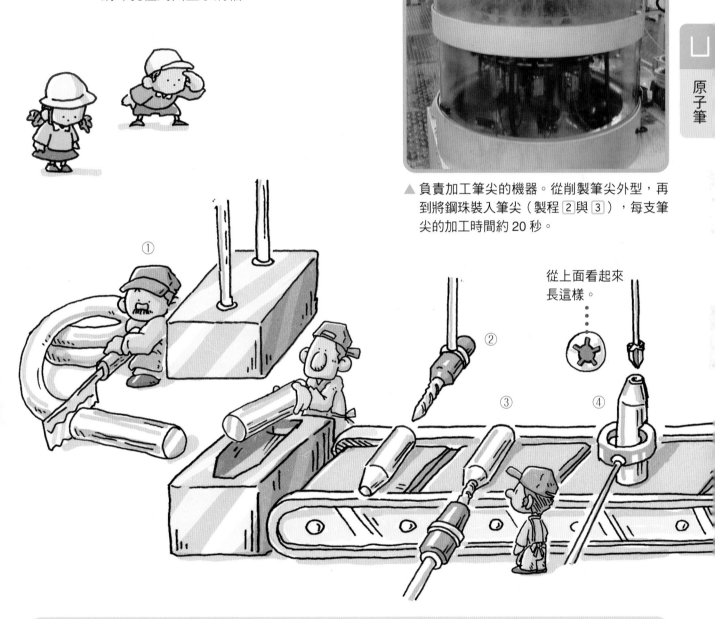

▲ 負責加工筆尖的機器。從削製筆尖外型,再到將鋼珠裝入筆尖(製程 2 與 3),每支筆尖的加工時間約 20 秒。

從上面看起來長這樣。

■高速旋轉的原子筆筆尖

直徑 0.5 公釐的鋼珠旋轉一圈,約可畫出 1.57 公釐的線(0.5 公釐 ×3.14),因此若想在 1 秒內畫出 10 公分的線,鋼珠會在 1 秒內旋轉 64 次,簡直是超高速旋轉。

這樣的旋轉速度有多快呢?汽車在高速公路以時速 80 公里的速度行駛時,輪胎(直徑約 50 公分)1 秒內的旋轉次數是 14 次,這樣比較之後,各位就知道鋼珠旋轉的速度有多快了吧?

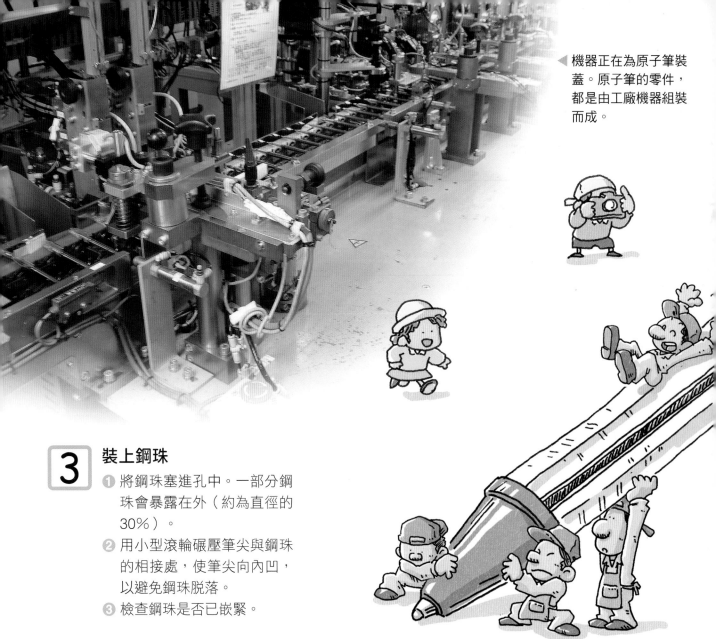

機器正在為原子筆裝蓋。原子筆的零件，都是由工廠機器組裝而成。

3 裝上鋼珠

① 將鋼珠塞進孔中。一部分鋼珠會暴露在外（約為直徑的30%）。

② 用小型滾輪碾壓筆尖與鋼珠的相接處，使筆尖向內凹，以避免鋼珠脫落。

③ 檢查鋼珠是否已嵌緊。

①

②

··· 滾輪

③

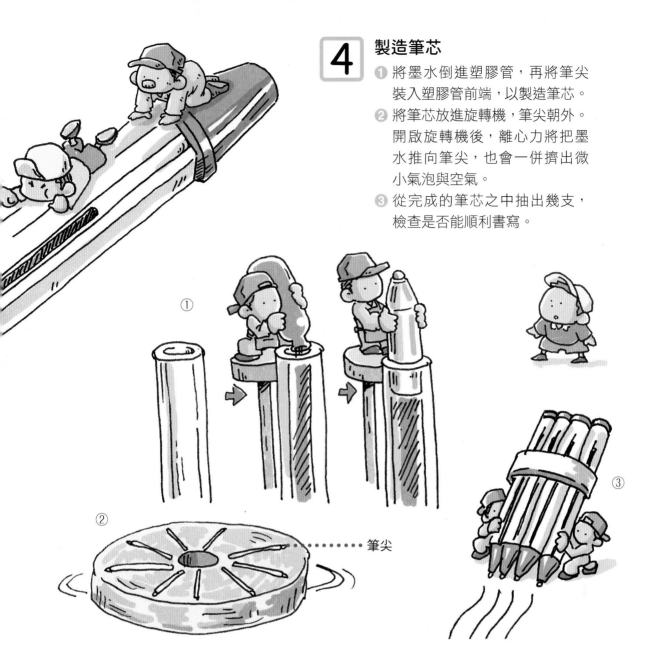

4 製造筆芯

① 將墨水倒進塑膠管，再將筆尖裝入塑膠管前端，以製造筆芯。

② 將筆芯放進旋轉機，筆尖朝外。開啟旋轉機後，離心力將把墨水推向筆尖，也會一併擠出微小氣泡與空氣。

③ 從完成的筆芯之中抽出幾支，檢查是否能順利書寫。

①

②

······ 筆尖

③

5 組裝

① 將筆芯、筆頭、筆身與筆蓋組裝起來。

② 檢查組裝好的每一支原子筆，大功告成！

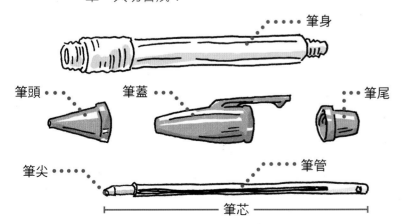

······ 筆身

筆頭 ······

筆蓋 ······

······ 筆尾

筆尖 ······

······ 筆管

|—————— 筆芯 ——————|

■ 能夠朝上書寫的原子筆

以前的原子筆一旦朝上，墨水就會流到下方，因此很難書寫。為了解決這個問題，廠商在密閉的筆芯裡灌入氮氣，藉由氣壓將墨水推向筆尖。

從此之後，不僅原子筆能夠朝上書寫，也能在太空中的無重力空間使用——換句話說，在國際太空站也能使用原子筆喔。

同場加映：日常用品的前世今生

由塑膠製成的各種用品

　　石油所製成的聚乙烯（PE）、聚丙烯（PP）、聚氯乙烯（PVC）都是塑膠的原料之一，而塑膠能廣泛運用在各領域，全歸功於能自由變化形狀。可以藉由加熱變形，也能加熱熔解後倒進模具裡，待其冷卻凝固，什麼樣的形狀都難不倒塑膠。

　　此外，塑膠還有各項優點，如：輕盈、不怕水或藥劑、不易腐蝕、強韌、能自由上色、具有光澤、晶瑩剔透等等。

由金屬製成的各種用品

　　環顧居家環境，除了木材與纖維製品之外，還有由鐵、銅、鋅、鋁、合金等製造而成的各種金屬製品，可說是包羅萬象！依據用途的不同，金屬可以透過不同加工法製成各種用品。

　　就拿鐵來說吧！未經加工的鐵脆弱不耐用，因此會鍛製成鋼，或是添加其他金屬，改變鋼的性質，這就叫做「合金」。例如不鏽鋼，就是將鉻、鎳加入鐵而製成的合金，是常見的廚房用具材質。

塑膠製品的製造方法

　　塑膠製品可透過各種成型機，製成各式各樣的形狀。如果想用一個模具大量製造同一種形狀的產品，就用射出成型機；想製造長條管狀物，就用押出成型機。目的不同，選用的機型也不同。

●澆鑄成型

將熔化的原料倒進模具中待其凝固，屬於最單純的方法。

→牙刷的握柄（P.190）

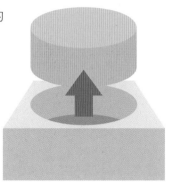

●押出成型

將原料加熱熔化，再將原料擠向前端，藉由各種形狀的金屬口做出不同剖面。

→牙刷的刷毛（P.191）

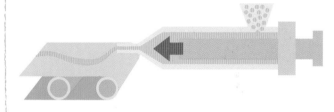

●壓縮成型

將原料放進模具中，一邊加熱熔化，一邊壓製成型。通常用來製造金屬盤、杯子等立體物品。

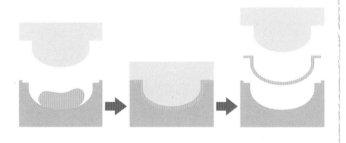

●中空成型

將管狀原料放進左右一組或上下一組的模具中，接著灌入空氣，使原料膨脹、與模具緊密貼合，待其凝固。適合用來製造瓶子之類的中空容器。

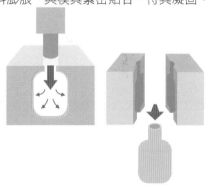

●射出成型

藉由外力將熔化的原料擠入模具中，待塑膠凝固成型，再打開模具取出。

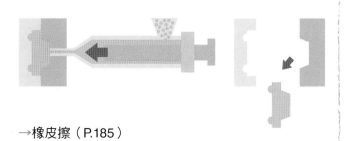

→橡皮擦（P.185）

●真空成型

將塑膠膜鋪在模具上，加熱軟化塑膠膜，接著用幫浦抽出塑膠膜與模具間的空氣，使兩者緊密貼合。這種方法多半用來製造雞蛋盒。

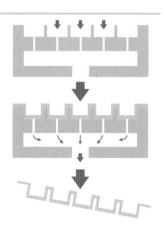

金屬製品的製造方法

通常工廠是用一種叫「工具機」的機器來做金屬加工，近來則多半利用數控工具機，透過電腦下達指令。不過，高精密度的金屬加工，還是必須仰賴人工處理及調整。

●切削加工

利用刀刃切削金屬塊或鑽孔，通常是運用切削專用機器加工。

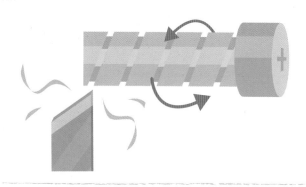

●鑄造

將熔化的金屬倒進稱為「鑄型」的模具中，待其冷卻凝固。若要製造空心金屬產品，則須在鑄型中嵌入「砂心」。自古以來，都是用這種方法製造佛像或大鐘。

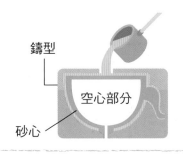

鑄型
空心部分
砂心

●加壓法

運用模具與加壓使金屬塑型，通常是用加壓機來加工。加壓法主要有以下幾種類型。

● 壓延
將板狀金屬加壓成器皿的形狀。

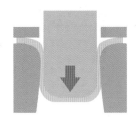

●鍛造

將金屬加熱後施加敲擊，能提升金屬的強度。經過鍛造加工後，就能製成各種產品。

→日式刀具（P.144）

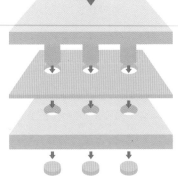

● 衝擊加工
與壓延的不同之處在於，衝擊加工是藉由撞擊來施予衝擊力，使原料沿著模具延展開來。

→乾電池外殼（P.160）

● 沖剪
如名所述，此方法可將成品從板狀金屬剪下。

→湯匙與叉子（P.148）
→西式刀具（P.146）

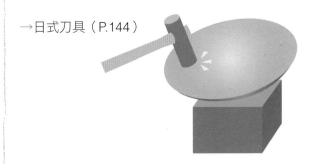

● 折彎加工
折彎金屬。

Part 3

大型建築物

電波塔（日本東京晴空塔）

高速公路（日本首都高速道路）

跨海大橋（日本東京門戶大橋）

隧道（日本八甲田隧道）

電波塔
（日本東京晴空塔）

東京晴空塔是全世界最高的自立式電波塔。塔式起重機在組裝過程中，可是功不可沒。

東京晴空塔是高達 634 公尺的電波塔。電波塔的功能是將電視臺的電波訊號傳送到家家戶戶，但逐漸林立的高樓大廈阻礙了訊號傳送，因此相關單位決定興建東京晴空塔。東京晴空塔的靈感來自於日本傳統建築——五重塔，一方面繼承了傳統技術與工匠技藝，另一方面也同時集結了最先進的尖端科技。

日本各地的電波塔

瀨戶數位塔
（愛知縣瀨戶市）
245 公尺

札幌電視塔
（北海道札幌市）
147.2 公尺

名古屋電視塔
（愛知縣名古屋市）
180 公尺

福岡塔
（福岡縣福岡市）
234 公尺

生駒山電視・FM 基地臺
（大阪府東大阪市・奈良縣生駒市）

東京鐵塔
（東京都港區）
333 公尺

■電視的電波訊號

電視的電波訊號傳輸途徑，大致上分成兩種：一種叫做「無線電波」，電視臺發出的電波，會經由電波塔傳輸至一般家庭的天線。另一種則是透過衛星傳輸電波，衛星位於赤道上空 3 萬 6000 公尺處，它能接收電視臺發出的電波，再傳送至一般家庭的天線。

無線電波無法將電波傳輸到離基地臺過遠的地方（如山區或離島），而衛星傳輸的電波，則能涵蓋廣大的範圍。

衛星

衛星傳輸的電波

電波塔

無線電波

電視臺

電視

一般家庭的天線

如何建造東京晴空塔？

東京晴空塔的塔底為三角形，越往上走卻變得越渾圓。由於建地範圍不大，三角形的塔底是最為穩固的結構；而圓形觀景臺不僅能使遊客欣賞360度的美景，也能抵禦強風吹襲，強化整座塔的穩定性。

剖面圖

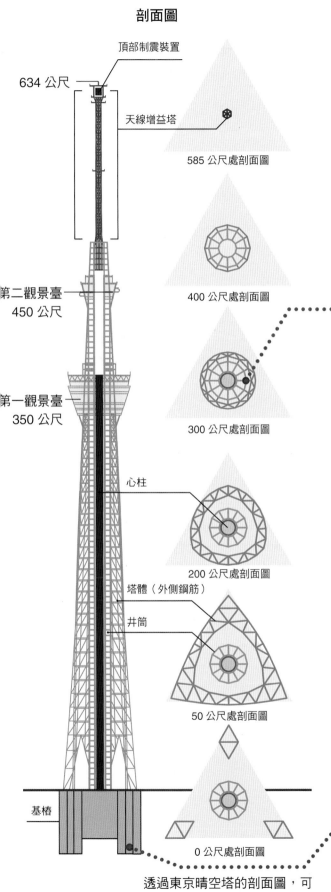

634 公尺

頂部制震裝置

天線增益塔

585 公尺處剖面圖

第二觀景臺
450 公尺

400 公尺處剖面圖

第一觀景臺
350 公尺

300 公尺處剖面圖

心柱

200 公尺處剖面圖

塔體（外側鋼筋）

井筒

50 公尺處剖面圖

基樁

0 公尺處剖面圖

透過東京晴空塔的剖面圖，可以看出愈接近第一觀景臺，形狀變得愈渾圓。

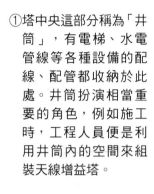

①井筒

①心柱

①塔中央這部分稱為「井筒」，有電梯、水電管線等各種設備的配線、配管都收納於此處。井筒扮演相當重要的角色，例如施工時，工程人員便是利用井筒內的空間來組裝天線增益塔。

②鋼筋混凝土製的圓塔——心柱，就位於中央的孔洞裡。心柱的功能類似秤錘，能減少整座塔的晃動。

日本各地的傳統五重塔皆設有心柱，而且從來不曾因地震而倒塌，專家認為這全是心柱的功勞。據說東京晴空塔的設計，也參考了五重塔的心柱。

圖為從底部仰望東京晴空塔的示意圖。基樁深深打進地盤，構築出東京晴空塔的基礎。

①底部的正三角形頂點處皆設有數根厚達1.2公尺的壁狀鋼筋基樁，打進地底50公尺處。這些基樁能抓緊地盤，如樹根般與地盤融為一體。

②正三角形的邊同樣是壁狀基樁，它們圍繞著塔的中心，打進地底35公尺處。

③塔中央與周遭都有圓柱狀基樁。

照片提供：東武鐵道股份有限公司、東武 TOWER SKYTREE 股份有限公司、大林組

1 建造支撐塔的基樁

為了抗震與抗強風，東京晴空塔使用了壁狀基樁（右圖）與圓柱狀基樁（下圖），以抵禦橫向的外力。以下①至③，便是製造大量基樁的步驟。

❶ 利用鑽掘機這類大型機具在地上挖洞。

❷ 挖洞完畢後裝入圓柱狀的鋼筋籠。

❸ 將混凝土灌進插入地底的鋼筋籠裡，一根圓柱狀基樁就完成了。

打進地下 50 公尺處的壁狀基樁。方形鋼筋籠內部會裝入結構鋼，使基樁更加堅固。

2 組裝井筒

搭建外側鋼筋（塔體）前，必須先組裝井筒。如下圖所示，將每個區塊間隔一定距離，再用建材連接兩側的區塊，組合成甜甜圈形狀的井筒。

井筒

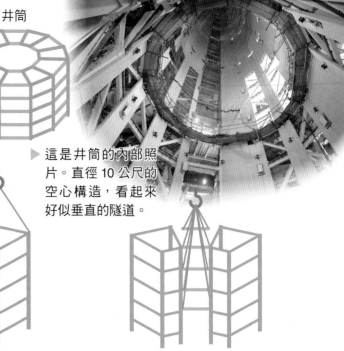

▶ 這是井筒的內部照片。直徑 10 公尺的空心構造，看起來好似垂直的隧道。

❶ 以起重機吊起一個區塊。

❷ 每個區塊間必須間隔一定距離。

❸ 吊起多種建材，將各區塊連接起來。

3 搭建外側鋼筋（塔體）

井筒外側（塔體）的鋼筋比一般鋼筋堅固兩倍，屬於高強度鋼管。塔體為桁架構造（→ P.225），由三角形骨架組裝而成。

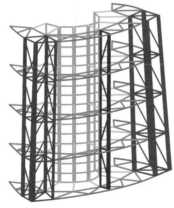

塔體

井筒

▲ 從外側仰望東京晴空塔的塔體。

■製造高等級鋼筋

東京晴空塔的網狀外觀，是由縱向、橫向、斜向的管狀鋼筋組合而成，而鋼筋的等級也高於一般建築。

製造這些鋼筋需要高超技術，因此鋼筋會先在工廠製造完畢，才由拖車運到施工現場。

▲ 管狀鋼筋的連接角度需要謹慎處理，唯有專家手工焊接才能達成任務。

照片提供：東武鐵道股份有限公司、東武 TOWER SKYTREE 股份有限公司、大林組

4 將塔體的鋼筋疊起來

高達 500 公尺的塔體，是由塔式起重機逐一吊起、堆疊而成。這是日本首樁高度超過 300 公尺的建設工程。

■ 塔式起重機的祕密

日新月異的科技，發明出一種小而有力的起重機，不僅在建造東京晴空塔時提供不少幫助，也保障了高處施工的安全性。

❶ 起重機會設置在每個施工階段的最頂層，再用鋼纜吊起建材。

Sky Juster

❷ 塔式起重機下方吊著「Sky Juster」，有了這項裝置，吊起來的建材就不會因風吹而轉動了。

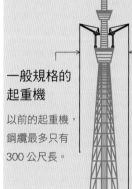

一般規格的起重機

以前的起重機，鋼纜最多只有 300 公尺長。

特殊規格的起重機

東京晴空塔使用的起重機，其鋼纜長達 420 公尺。

從上方俯視東京晴空塔，可看出底座為三角形構造。

5 吊起天線增益塔

設置在最頂端的天線增益塔，是在塔中央的井筒內組裝完成的。組裝完成後，一鼓作氣將天線增益塔（約140公尺）拉到塔頂裝好，東京晴空塔的高度就達634公尺了！

❶ 由工廠分次製造天線增益塔的鋼筋（每段約 10 公尺），再運送到井筒內。（圖 ❶ 至 ❻）。

❷ 垂直組裝工廠運來的鋼筋，再由鋼纜吊上去。（圖 ❼ 至 ❽）

6 製造塔的心柱

將組裝好的天線增益塔吊上去後，再到井筒內部製造外徑約 8 公尺、高約 375 公尺的心柱。心柱內部設有逃生梯。

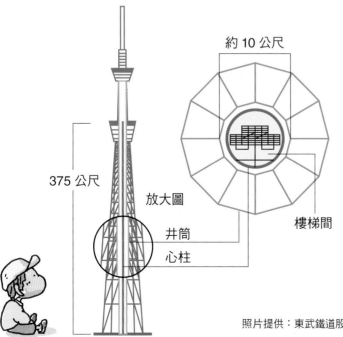

約 10 公尺

放大圖

375 公尺

井筒

心柱

樓梯間

■ 爲什麼是 634 公尺？

原本東京晴空塔預定的高度是610 公尺，由於當年世界最高的塔是加拿大國家電視塔（553公尺），因此蓋好後，東京晴空塔理應是世界最高塔。不料，日本公布東京晴空塔的計畫後，世界各國相繼發表高度超過 600 公尺的高塔建築，日本也得知中國廣州塔的預定高度為610 公尺。因此，最後日本採用634 這個數字。「634」的發音接近於「武藏」，這對日本人而言，可說是好記又好念。

照片提供：東武鐵道股份有限公司、東武 TOWER SKYTREE 股份有限公司、大林組

高速公路
（日本首都高速道路）

高速公路是先分段建造，最後才連接成一條公路。

建造道路時，須使用各種工程機器、混凝土、柏油以及鐵等建材，依照設計圖建造完成。高架道路及地下道也包含在內。

高架道路工程

高架道路工程分成兩大部分，其一是建造基礎板（下部結構），其二是建造道路（上部結構）。

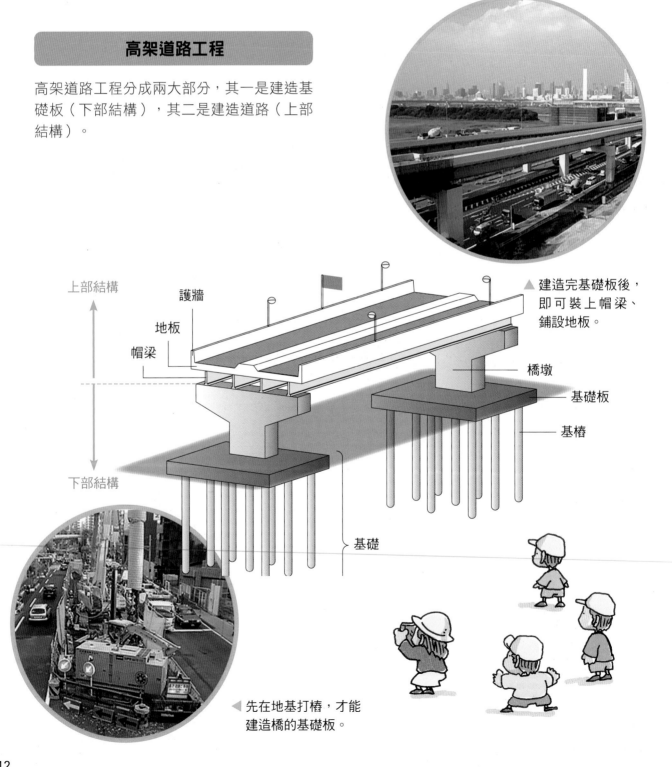

▲ 建造完基礎板後，即可裝上帽梁、鋪設地板。

上部結構

護牆

地板

帽梁

橋墩

基礎板

基樁

下部結構

基礎

◀ 先在地基打樁，才能建造橋的基礎板。

1　建造橋的基礎板（下部結構）

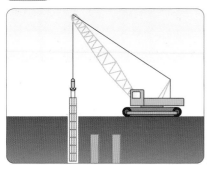

❶ 在地上挖洞打樁。

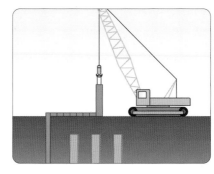

❷ 在基樁四周打入鋼板，以免土壤鬆動。

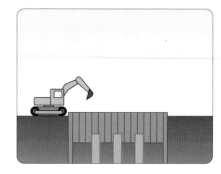

❸ 圍好鋼板後挖開土壤，使基樁露出前端。

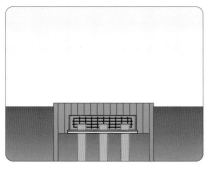

❹ 組裝模板與鋼筋後灌入混凝土，以建造基礎板。

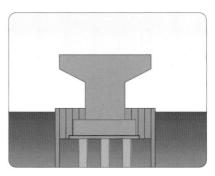

❺ 待 ❹ 的混凝土凝固後，拆掉模板，並以 ❹ 的方法在上方建造橋墩。

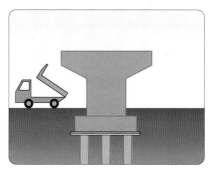

❻ 填回泥土並撤掉鋼板，下部結構完成！

2　建造橋上道路（上部結構）

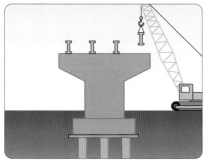

❶ 裝設帽梁，以連接各橋墩。

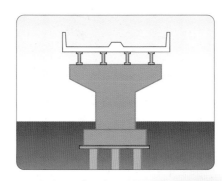

❷ 在帽梁上以混凝土建造地板及護牆。

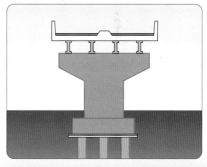

❸ 在地板上鋪設柏油，以供汽車行駛。

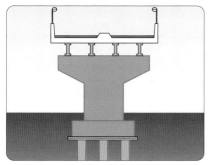

❹ 裝設照明設備與路標，汽車才能安全上路。

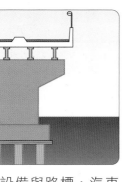

地下道工程

首先挖掘隧道，再來鋪設道路。負責挖掘隧道的筒狀機器稱為「潛盾機」，它能一邊挖開前方土壤，一邊從機器內部裝設隧道環片，以防止土石崩塌。

1 在地底建造施工基地

❶ 挖掘垂直坑洞並打造成施工基地，以方便潛盾機進出。

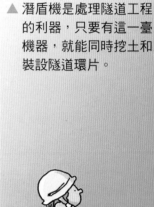

▲ 潛盾機是處理隧道工程的利器，只要有這一臺機器，就能同時挖土和裝設隧道環片。

❷ 將潛盾機的材料運至地底施工基地，在地底組裝完成。

❸ 將建材送進隧道。

2 挖掘土壤

❶ 緩慢轉動潛盾機前方的刀刃，一點一點削切土壤。

混凝土環片

❷ 潛盾機會一邊組裝混凝土環片（組成隧道外牆的混凝土片），一邊前進。

❸ 挖完隧道後拆解潛盾機，將潛盾機材料送到地面。

3 鋪設道路

▲ 先製造支撐路面的混凝土地板，再來鋪設路面，然後裝設隧道不可或缺的通風設備與照明，再將垂直坑洞填起來。

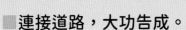

■連接道路，大功告成。

❶ 建造連接高速公路與一般道路的交流道（IC／出入口），或是連接兩條高速公路的系統交流道（JCT）。

❷ 無論是高架道路或地下道，只要將個別建造的路段從出口連接到入口，就大功告成了！

跨海大橋
（日本東京門戶大橋）

東京門戶大橋位於東京港臨海道路的海上區間，這座橋就是在海上組裝完成的。

東京門戶大橋鄰近羽田機場，由於飛機起降需要跑道，因此不能建造含有橋塔的吊橋或斜張橋[*1]，而且出入東京灣的大船也會經過橋下，所以橋必須夠高。基於以上考量，最後造橋時選擇了桁架構造（由三角形組成的結構→ P.225）。桁架橋是傳統造橋形式之一，由三角形骨架組裝而成。

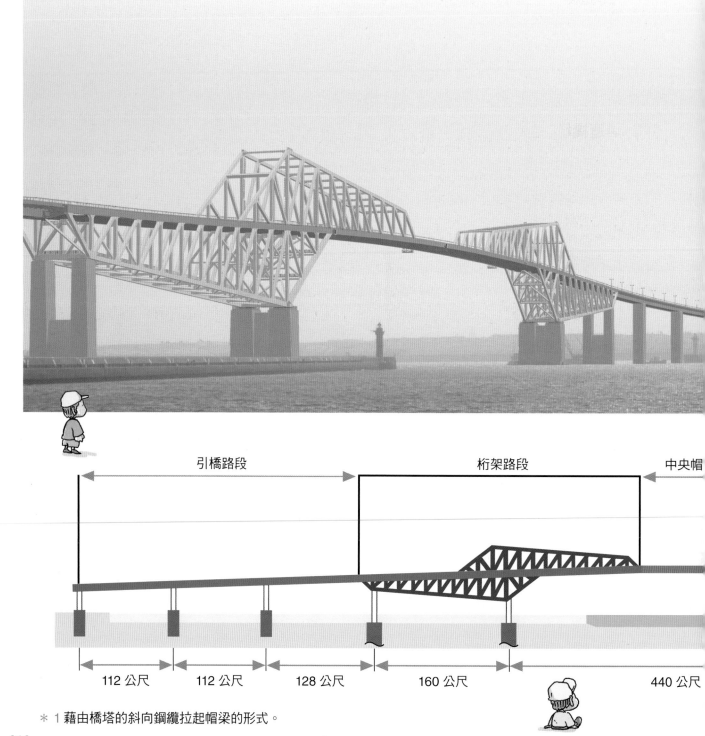

引橋路段　　　　　　　　　桁架路段　　　中央帽

112 公尺　　112 公尺　　128 公尺　　160 公尺　　440 公尺

＊1 藉由橋塔的斜向鋼纜拉起帽梁的形式。

216

準備階段的工程

1 建造施工用的棧橋
先建造棧橋，才能將工程機具運到預定建造橋墩的地方。

2 建造橋的基礎
將直徑 1.5 公尺的鋼鐵基樁打入地底（海底），圍出四方形的牆，然後再灌入混凝土——這就是支撐橋的基礎。

3 建造橋墩
在基礎上方建造橋的底座——橋墩。由於鋼筋混凝土橋墩非常龐大，因此混凝土一次只能灌進幾公尺，必須分成數次才能灌完。

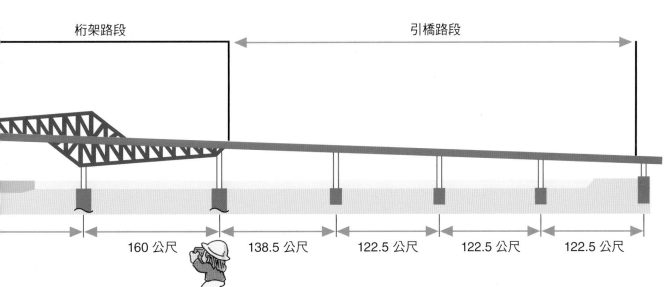

桁架路段　　引橋路段

160 公尺　138.5 公尺　122.5 公尺　122.5 公尺　122.5 公尺

組裝桁架

工作人員會先在別的地方組裝龐大的桁架（由三角形組成的骨架），再運至施工現場。

▲ 將桁架搬上平臺船，再由拖船將駁船拉曳至施工現場。

■東京門戶大橋的用途

東京港的貨櫃裝卸量高居全日本第一（2009年撰寫本文時，約占23%），而且數量逐年攀升，一天的貨櫃裝卸量約為一萬個。因此，通往東京港貨櫃碼頭的道路十分壅塞，為了解決交通問題，東京港臨海道路應運而生。這條路全長約8公里，由「大田區城南島」經由「中央防波堤外側填海地」通往「江東區若洲」，而東京門戶大橋就位於東京港入口處的海洋區段，長約2.9公里。

為東京門戶大橋。

架設桁架

架設*² 工程必須藉由起重船分成 4 次完成（參考下圖）。

＊2 設置橋、電線等等。

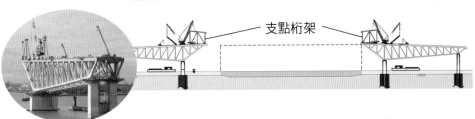

起重船　　**巨大桁架**

橋墩　　　**橋墩**

第一次

航路兩側各有兩座橋墩，用 3 艘起重船將巨大桁架吊起來，在兩側橋墩上各放置一個桁架。

第二次

運用起重機，在兩座巨大桁架的靠海側上方架設支點桁架。

支點桁架

第三次

用大型起重船吊起在其他地方組裝好的桁架，與支點桁架連結。

支點桁架　　　　**支點桁架**

第四次

用大型起重船吊起帽梁，裝在左右兩座桁架中間。如此一來，東京門戶大橋就完工了！

▼ 鋪路、設置照明設備後，東京門戶大橋於 2012 年開通。

隧道
（日本八甲田隧道）

位於青森縣的八甲田隧道，於 1999 年開始動工興建，打通這座隧道，足足花了 6 年的時間。

八甲田隧道位於日本東北新幹線的七戶十和田站與新青森站之間，全長 26.5 公里，貫穿八甲田連峰，當年建造完工時，是日本最長的陸上鐵路隧道。八甲田隧道採取挖掘隧道常用的新奧地利隧道工法，開挖時會噴凝土固定土石，以避免土石崩塌。

▲ 隧道於 2005 年 2 月開通，2010 年 12 月正式啟用。新幹線穿越此隧道需要 6 分鐘。

■ 建造隧道的方法

挖掘隧道時須考量土壤硬度及地點，再選擇最適當的工法。主要的隧道工法如右所示。

● 潛盾工法：英國所開發的工法，適用於平地下、海底下、河底下等土壤柔軟的地方。（→ P.214）

● 明挖法：先挖開地面製造隧道，再將地面的土壤回填。適用於建造都市地下街或地下鐵，但是，若要挖到較深的地方，還是會使用潛盾工法。

1 挖洞

❶ 運用大型機具挖開可設置炸藥的洞。

❷ 用炸藥炸開岩石,炸完後再清除碎石。

❸ 用卡車將碎石運到坑洞外。

❹ 反覆 ❶ 至 ❸ 的步驟,直到打通隧道為止。

●沉埋管工法:先在陸地上用混凝土與鐵建造隧道組件,再沉到海底或河底組裝成隧道,是水底隧道常用的工法之一。

●新奧地利隧道工法:New Austrian Tunneling Method,簡稱新奧工法,發明於奧地利。奧地利是多山之國,而這項工法,正適用於挖掘山岳隧道。

▲ 八甲田隧道的新青森站側工程,始於 1998 年 7 月,而七戶十和田站側則是在 1999 年 3 月動工。圖為七戶十和田站側的施工狀況。

新青森 ○—— 八甲田隧道
七戶十和田 ○
八戶 ○

2 建造牆壁

❶ 設置拱狀鋼材以穩定拱頂,避免土石崩落。

❷ 噴上「噴凝土」,以鞏固隧道牆。

岩栓

❸ 噴完「噴凝土」後,以放射狀打入岩栓,以提高支撐度,避免土石崩塌。

3 防水工程

① 在牆面貼上塑膠防水膜，以避免隧道漏水。

② 運用隧道用模板，在防水膜表面覆蓋噴凝土，修飾牆面。

③ 隧道牆大功告成！

4 鋪上鐵軌

① 設置混凝土板。

② 將軌道固定在混凝土板上。

③ 運用焊接技術連結鐵軌，大功告成！

5 安裝必要設備

① 裝設電車線（為新幹線提供電力的纜線）與照明設備。

② 裝設通話設備與滅火器，大功告成。

同場加映：大型建築物的前世今生

施工現場的各種工程車

　　施行道路、建築物等大型工程時，必須用強而有力的工程車來挖掘地面、抬起重物；而這些工程車，有些與一般汽車差不多大，有些則十分巨大。

挖掘地面
挖土機

挖斗

▲ 機械手臂前端的挖斗能挖掘地面與剷土，而且還能360 度旋轉，不必大幅移動位置就能處理土石。

深度挖掘地面
打椿機

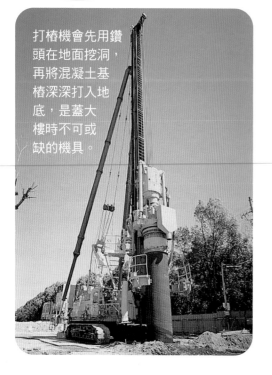

打椿機會先用鑽頭在地面挖洞，再將混凝土基椿深深打入地底，是蓋大樓時不可或缺的機具。

運輸土石
傾卸車

▼ 巨大車斗可一次載運大量土壤與砂石，只需將車斗傾斜，就能傾倒土石，原理就跟溜滑梯一樣。

推土機

◀ 推土機能鏟削、推送土壤，也能將凹凸不平的地面推平。

•••••裂土器

推土鏟刀

整理地面

吊車

吊起重物

▶ 裝有起重機的工程車。能吊起重物、將物品移到他處，是建設高聳建築時不可或缺的機具。

吊臂
•••••

壓路機

▼ 壓路機能運用巨大而沉重的滾輪，將地面壓平、壓實。

■桁架結構與三角形

　　桁架是建築物的結構形式之一，利用螺栓或銷釘來固定建材接合點，打造出三角形骨架。桁架結構適用於建造體育館骨架、鐵橋與塔，像是東京晴空塔與東京門戶大橋，都採用了桁架結構。

三角形的強度最高

若以銷釘固定長方形的四個角，在橫向外力的作用下，長方形會變成平行四邊形；反之，三角形在同樣的外力干擾下，卻不容易變形。

東京門戶大橋（→ P.216）

東京晴空塔（→ P.209）

知識館016

生活知識王 來去工廠大探險

できるまで大図鑑

監修　小石新八
繪者　荒賀賢二
譯者　林佩瑾
專業審訂　施政宏（彰化師範大學工業教育系博士）
責任編輯　陳彩蘋
封面設計　張天薪
內文排版　李京蓉
童書行銷　張惠屏・侯宜廷・林佩琪・張怡潔

出版發行　采實文化事業股份有限公司
業務發行　張世明・林踏欣・林坤蓉・王貞玉
國際版權　施維真・王盈潔
印務採購　曾玉霞・謝素琴
會計行政　許俽瑀・李韶婉・張婕莛
法律顧問　第一國際法律事務所　余淑杏律師
電子信箱　acme@acmebook.com.tw
采實官網　www.acmebook.com.tw
采實臉書　www.facebook.com/acmebook01
采實童書粉絲團　https://www.facebook.com/acmestory/

ISBN　978-626-349-408-4
定價　1250元
初版一刷　2023年10月
劃撥帳號　50148859
劃撥戶名　采實文化事業股份有限公司
104 台北市中山區南京東路二段 95號 9樓
電話：02-2511-9798　傳真：02-2571-3298

國家圖書館出版品預行編目(CIP)資料

生活知識王 來去工廠大探險 / 小石新八監修；荒賀賢二繪；林佩瑾譯. -- 初版. -- 臺北市：采實文化事業股份有限公司, 2023.10
232面；21×28.5公分. -- (知識館；16)
譯自：できるまで大図鑑
ISBN 978-626-349-408-4(精裝)

1.CST: 製造業 2.CST: 通俗作品

487　　112013109

線上讀者回函

立即掃描 QR Code 或輸入下方網址，連結采實文化線上讀者回函，未來會不定期寄送書訊、活動消息，並有機會免費參加抽獎活動。

https://bit.ly/37oKZEa

采實出版集團
ACME PUBLISHING GROUP